Ram Sewak Singh
Yonas Taye Bekele
Satyasis Mishra

Detecção Cooperativa de Espectro para Rádio Cognitivo

Ram Sewak Singh
Yonas Taye Bekele
Satyasis Mishra

Detecção Cooperativa de Espectro para Rádio Cognitivo

Detecção Cooperativa de Espectro para Rádio Cognitivo Interweave com Aumento da Relação Sinal/Ruído usando DWT

ScienciaScripts

Imprint

Any brand names and product names mentioned in this book are subject to trademark, brand or patent protection and are trademarks or registered trademarks of their respective holders. The use of brand names, product names, common names, trade names, product descriptions etc. even without a particular marking in this work is in no way to be construed to mean that such names may be regarded as unrestricted in respect of trademark and brand protection legislation and could thus be used by anyone.

Cover image: www.ingimage.com

This book is a translation from the original published under ISBN 978-620-5-51091-9.

Publisher:
Sciencia Scripts
is a trademark of
Dodo Books Indian Ocean Ltd. and OmniScriptum S.R.L publishing group

120 High Road, East Finchley, London, N2 9ED, United Kingdom
Str. Armeneasca 28/1, office 1, Chisinau MD-2012, Republic of Moldova, Europe
Printed at: see last page
ISBN: 978-620-5-60250-8

Copyright © Ram Sewak Singh, Yonas Taye Bekele, Satyasis Mishra
Copyright © 2023 Dodo Books Indian Ocean Ltd. and OmniScriptum S.R.L publishing group

Índice

CAPÍTULO UM 5

1 INTRODUÇÃO 5

  1.1 Antecedentes.. 5

  1.2 Motivação 8

  1.3 Declaração do problema 8

  1.4 Objectivos 9
    1.4.1 Objectivos Gerais 9
    1.4.2 Objectivos específicos 9

  1.5 Contribuição de tese 9

  1.6 Limitação do Estudo... 10

  1.7 Esboço de tese.. 10

CAPÍTULO DOIS 11

REVISÃO DE LITERATURA 11

  1.8 Introdução à Rádio Cognitiva 11
    1.8.1 Definições de Rádio Cognitivo 11
    1.8.2 Arquitecturas Cognitivas de Redes de Rádio 12
    1.8.3 Ciclo de Rádio Cognitivo 13
    1.8.4 Técnicas de Acesso ao Espectro 14
    1.8.5 Aplicações de Redes de Rádio Cognitivas.. 15
    1.8.6 Vantagem da Rádio Cognitiva 16
    1.8.7 Limitações da Rádio Cognitiva 16

  1.9 Sensores de Espectro para Rádio Cognitivo 16
    1.9.1 Modelo do sistema... 17
    1.9.2 Técnicas de Detecção do Espectro 19
    1.9.3 Detecção de transmissores... 20
    1.9.4 Detecção baseada em interferências 23
    1.9.5 Detecção Cooperativa 24

  1.10 Resumo do Algoritmo de Detecção do Espectro 26

  1.11 Pesquisas relacionadas 27

CAPÍTULO TRÊS.. 30

2 METODOLOGIA 30

  2.1 Introdução 30

  2.2 Materiais... 30

  2.3 Métodos.. 30
    2.3.1 Concepção do sistema 30
    2.3.2 Métodos de simulação.. 30
    2.3.3 Distribuições Estatísticas e Variáveis Aleatórias 31
    2.3.4 Distribuição ao qui-quadrado 31
    2.3.5 Distribuição não central Chi-quadrada 32
    2.3.6 Soma de Duas Variáveis Aleatórias.. 33

2.3.7   Teorema do Limite Central..34

2.4   Derivação da Métrica de Desempenho para Detecção de Energia **34**
2.4.1   Detecção Cooperativa de Espectro para AND-Fusão e OR-Fusão 37
2.4.2   Detecção de Espectro em Duas Etapas..37
2.4.3   Denoising com base em DWT 38
2.4.4   Limiar de ondulação 39
2.4.5   Selecção da função limiar 40
2.4.6   Métricas de desempenho de denoising 40
2.4.7   Concepção do sistema..41

CAPÍTULO QUATRO...**44**

3   RESULTADOS E DISCUSSÃO **44**

3.1   Resultados da simulação e discussão para o Detector de Energia Convencional
45
3.1.1   Comparação do Desempenho de Detecção sobre Varying SNR...............................45
3.1.2   Comparação do desempenho da detecção sobre o número variável de amostras 48
3.1.3   Efeito da Probabilidade de Falso Alarme na Probabilidade de Detecção 50

3.2   Detecção Cooperativa..**51**
3.2.1   Efeito do Número de Utilizadores (NU) na Detecção Cooperativa de Energia
Convencional 52

3.3   Denoising of Performance Comparison of Wavelet Families............................**56**

3.4   Avaliação de desempenho Detector de energia com base em ondas de fase única
58

3.5   Sensoriamento cooperativo com ED baseado em ondas de fase única **63**
3.5.1   Algoritmo de Detecção do Espectro de Duas Etapas ReverseBior baseado em ED ... 66
3.5.2   Comparação da abordagem cooperativa em duas fases, detecção baseada em
ReverseBior e CED sobre SNR variável 70

CAPÍTULO CINCO..**75**

4   CONCLUSÃO, RECOMENDAÇÃO **75**

4.1   Conclusão **75**

4.2   Recomendação **76**

Referências **77**

Apêndice **80**

Detecção Cooperativa de Espectro para Rádio Cognitivo Interweave com Aumento da Relação Sinal/Ruído usando DWT

Resumo: A subutilização do espectro, juntamente com a crescente questão da escassez de espectro, promoveu uma reavaliação da forma como o espectro de radiofrequências é utilizado. A tecnologia de rádio cognitiva surge como uma solução que melhora a utilização do espectro com a utilização sistemática do escasso recurso por Acesso ao Espectro oportunista. Uma das funções importantes do rádio cognitivo é a Sensoriamento do Espectro, que permite que o rádio cognitivo detecte características espectrais é também chamado Espaço Branco ou Spectrum Whole. Entre muitos algoritmos de detecção de espectro disponíveis, o Detector de Energia (ED) é preferível, uma vez que não necessita da informação prévia sobre os sinais do utilizador primário e está a ter baixa complexidade computacional. No entanto, o desempenho do ED é directamente proporcional à relação sinal/ruído (SNR), o que leva a um mau desempenho no regime de SNR baixo. A fim de aliviar o problema de detecção no regime de SNR baixo, a Transformada Discreta de Ondas (DWT) baseada na denoising do sinal do utilizador primário é aplicada na extremidade frontal do ED. O efeito da denoising antes da DE é analisado através do emprego de seis ondas-mãe diferentes como Haar, Daubechies, BiorSplines, ReverseBior, Coiflets e Fejer-Korovkin e, a métrica de desempenho da DE é analisada utilizando a ED baseada em wavelet de fase única. Com base no wavelet mãe com melhor desempenho, desenvolve-se o Two Stage Spectrum Sensing, que é composto de Coarse Sensing, utilizando ED e Fine Sensing. Consiste na denoising de wavelet antes da DE que aumenta a relação sinal/ruído (SNR). O desempenho de detecção da abordagem proposta de Detecção de Espectro em Duas Etapas é comparado contra ED isolada e ED baseada em ondas de uma única etapa em termos de métricas de desempenho como probabilidade de detecção, probabilidade de detecção de falhas, Características de Funcionamento do Receptor e Características de Funcionamento do Receptor Complementar no caso de um único nó e rádio cognitivo cooperativo. Os resultados da simulação mostraram que a abordagem de seis ondas-mãe, abordagem de onda mãe Bior inversa melhora muito mais todas as matrizes de desempenho em comparação com outras abordagens.

Palavras-chave: Sensores de Espectro, Rádio Cognitivo, Espaço Branco, Detector de Energia, Transformada Discreta de Ondas, Denoising, Matrizes de Desempenho

CAPÍTULO UM

1 INTRODUÇÃO

1.1 Antecedentes

O enorme aumento do número de dispositivos sem fios devido ao aparecimento de novos serviços e aplicações sem fios, combinado com a atribuição estática do espectro de radiofrequências, resultou numa escassez de espectro de radiofrequências[1]. Um dos mais sérios desafios na vanguarda da futura investigação de redes é a escassez do espectro de radiofrequências, que ainda tem de ser ultrapassado Tradicionalmente, o espectro de radiofrequências é atribuído aos licenciados por longos períodos de tempo e destina-se a ser utilizado exclusivamente pelos licenciados [2]. O tipo de esquema que utiliza esta técnica de atribuição estática é chamado de Fixed Spectrum Allocation (FSA) e dentro desta técnica o espectro é dividido em bandas e atribuído a diferentes aplicações baseadas em tecnologia. Este esquema assegura que o espectro é totalmente licenciado a um único utilizador autorizado, sem qualquer interferência. A atribuição de bandas do espectro aos operadores é da responsabilidade de uma agência governamental. O Ministério da Inovação e Tecnologia (MInT) na Etiópia é responsável por este exercício, enquanto que a Comissão Federal de Comunicações (FCC) nos Estados Unidos. Esta política de atribuição estática de espectro adoptada pelos governos em muitos países resultou na subutilização do espectro, porque um grande segmento do espectro de radiofrequências licenciado não é utilizado de forma eficiente. [3]. O problema da subutilização do espectro atribuído ou da área subutilizada é tecnicamente definido como um Buraco de Espectro ou Espaço Branco. Um buraco de espectro é uma banda de frequências atribuídas ao utilizador licenciado, mas num determinado instante estas bandas de frequências não estão a ser utilizadas. [4]. Isto deve-se principalmente ao facto de os proprietários de licenças não estarem a transmitir sempre em todas as áreas geográficas onde a sua licença cobre. Apoiando isto, de acordo com as estatísticas da FCC, o espectro atribuído nas bandas abaixo de 3GHz tem um intervalo de utilização de 15%.[5]. As medidas obtidas pela Shared Spectrum Company (SSC) para avaliar a ocupação do espectro de vários locais são mostradas na Figura 1-1. Esta medição indica que a ocupação média do espectro nos sete sítios é de aproximadamente 5,2 por cento. Estes resultados revelaram que uma grande proporção do espectro de radiofrequência é subutilizada, levando a enormes "buracos no espectro".

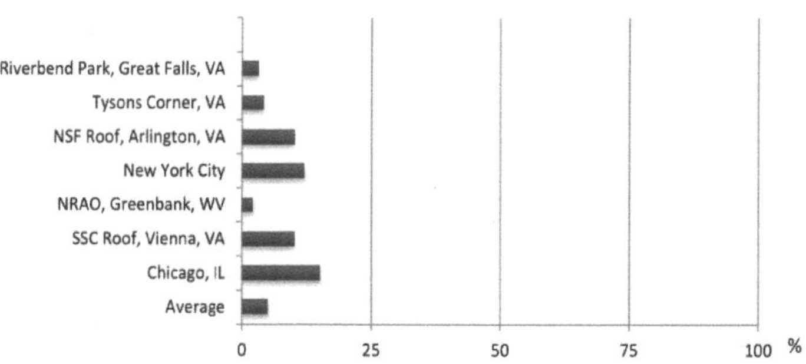

Figura 1-1 Medição da Ocupação do Espectro em Sete Locais [6]

Este problema de subutilização do espectro, juntamente com a crescente questão da escassez de espectro, promoveu uma reavaliação da forma como o espectro de radiofrequências é utilizado. Como resultado, a FCC recomenda que a eficiência de utilização do espectro possa ser aumentada através da partilha dinâmica de canais vagos com utilizadores não licenciados, permitindo aos utilizadores não licenciados utilizar a gama de espectro especificada juntamente com utilizadores licenciados chamados Utilizadores Primários[6]. Este tipo de esquema de atribuição de espectro chama-se, Acesso ao Espectro Oportunista (OSA), também conhecido como Acesso ao Espectro Dinâmico (DSA). O DSA permite ao utilizador não licenciado aceder à banda do espectro do utilizador licenciado de acordo com a actividade do utilizador primário. Estes utilizadores devem ter a capacidade de utilizar os recursos disponíveis ao mesmo tempo que causam a menor quantidade de interferência aos utilizadores primários. [7]. Isto levou ao desenvolvimento do Software Defined Radio (SDR) que pode sentir consistentemente a oportunidade espectral sobre a largura de banda, reconhecer a presença ou ausência de utilizadores licenciados, e utilizar o espectro apenas se a comunicação não interferir com nenhum utilizador licenciado. Cognitive Radio é um sistema inteligente que detecta e compreende o seu ambiente operacional e pode ser educado para modificar de forma dinâmica e independente as suas definições de operação de rádio em conformidade. [8]. O principal objectivo da Rádio Cognitiva (CR) é melhorar a utilização e eficiência do espectro através do acesso oportunista ao espectro licenciado, assegurando a coexistência não-interferente com as utilizações licenciadas.[9]. A fim de evitar interferências com o utilizador primário, CR tem de determinar a existência do utilizador primário (PU) através da detecção do espectro sem fios. Esta exploração da oportunidade de espectro chamada Spectrum Sensing. O conceito de CR e Acesso ao Espectro Dinâmico é ilustrado na figura1-2. O buraco no espectro ou espaço branco é dinamicamente e oportunisticamente acedido pelo utilizador CR, evitando ao mesmo tempo o acesso ao espectro que está actualmente em uso pelas UPPs. Os utilizadores de rádio cognitivos devem deslocar-se para um buraco de espectro diferente ou permanecer na mesma banda, alterando a potência de transmissão para evitar interferências quando os utilizadores licenciados utilizam esta banda [3].

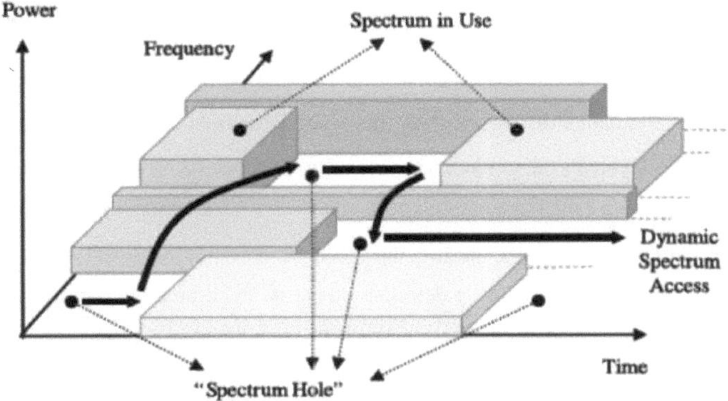

Figura 1-2Furos de Espectro[10]

Convencionalmente, Spectrum Opportunity definido como "uma faixa de frequências que não estão a ser utilizadas pelo PU num determinado momento numa determinada área geográfica", e explora três dimensões do espaço do espectro: Frequência, Tempo e Espaço[11]. A tabela 1-1 mostra estas dimensões de oportunidade espectral com alguma descrição. Podemos ter oportunidade espectral em Frequência, onde alguma da banda licenciada pode não ser actualmente utilizada. Estas bandas podem ser acedidas por SU's. Além disso, a nossa oportunidade pode ser a tempo, onde uma determinada banda de frequência é gratuita por um momento. Pode haver algumas regiões geográficas onde algumas bandas de frequência não são utilizadas pelo PU.

Quadro 1-1 Oportunidades Espectrais Tridimensionais

Dimensão	Oportunidade em	Observação
Frequência	Frequência	Todas as bandas não são utilizadas ao mesmo tempo.
Hora	Hora	Haverá um momento em que a banda estará disponível para uso oportunista.

Espaço geográfico	Localização dos utilizadores primários (latitude, longitude e elevação) e distância dos utilizadores primários	Em qualquer momento específico, o espectro pode ser acessível em certas áreas da região geográfica enquanto está ocupado noutras.

1.2 Motivação

A tecnologia CR surge como uma solução que melhora a utilização do espectro com a utilização sistemática do escasso recurso pela DSA. A fim de obter conhecimento das possíveis possibilidades de transmissão, deve ser implementada no sistema CR uma capacidade de cognição ou unidade de detecção do espectro. O primeiro passo desta capacidade cognitiva é avaliar a actividade de um PU num dado intervalo de tempo, numa largura de banda especificada. A fim de melhorar a utilização do espectro e evitar interferências com PU existentes, a detecção eficaz de PU é uma questão importante de CR. A eficácia do algoritmo de detecção de PU determina a protecção final do PU e o nível de utilização do espectro. Um algoritmo fiável de detecção do espectro aumentará a detecção de PU na banda de frequência, diminuirá a oportunidade perdida de espaço branco, diminuirá as interferências nocivas causadas ao PU e eventualmente aumentará a utilização do espectro. Como resultado, esta tese concentra-se no melhoramento de um algoritmo de detecção de espectro chamado Detecção de Energia (ED), com menos complexidade computacional, para detectar a presença de PU numa dada banda de frequência.

1.3 Declaração do problema

Uma das técnicas de detecção do espectro que não requer conhecimento prévio do sinal PU e tem menos complexidade computacional é o ED. Apesar disto, as matrizes de indicadores de desempenho revelam que o ED tem um mau desempenho quando a relação sinal/ruído recebido (SNR) é baixa. Isto deve-se ao facto de que com um SNR baixo, o sinal é distorcido e a energia recebida é inferior ao valor limiar de ED, tornando impossível para o sistema diferenciar entre ruído e sinal. O objectivo desta tese é denotar o sinal antes do DE a fim de reduzir a emissão de ruído, alcançar o ganho de SNR e melhorar o desempenho do DE.

1.4 Objectivos

1.4.1 Objectivos Gerais

O objectivo geral desta tese é melhorar o desempenho de ED convencional em baixa SNR utilizando uma abordagem de Duas Etapas de Espectro composta de detecção grosseira que consiste em ED e fase fina com capacidade de melhoria de SNR (denoising) antes da ED.

1.4.2 Objectivos específicos

- Estudar as características e comportamentos fundamentais do algoritmo de DE
- Estudar e analisar o efeito do denoising de DWT na parte frontal do canal AWGN e comparar o resultado com o ED
- Para avaliar as Características Operacionais do Receptor (ROC) das técnicas de detecção
- Para avaliar as Características Operacionais do Receptor Complementar (CROC) das técnicas de detecção
- Para comparar o desempenho de ED, ED de Fase única baseada em DWT e método ED de duas fases melhorado em nó único e cenário cooperativo

1.5 Contribuição de tese

A detecção de espectro é um componente crítico do rádio cognitivo. No entanto, há uma série de variáveis que tornam a detecção do espectro difícil na prática. Primeiro, o SNR do utilizador primário pode ser bastante baixo. Esta tese é dedicada à resolução de problemas de SNR baixo que diminuem o desempenho do detector de energia. Por conseguinte, as principais contribuições desta tese são:

- Analisamos o efeito da denoising por diferentes famílias de wavelet e comparamos o resultado em termos de Probabilidade de Detecção (P_D), Probabilidade de Falso Alarme (P_{FA}), Probabilidade de detecção de faltas (P_M), Características Operacionais do Receptor (ROC) e Características de funcionamento do Receptor Complementar($CROC$) através da utilização de nó único e detecção Cooperativa.
- Com base no resultado encontrado a partir da comparação desenvolvemos uma abordagem baseada em duas fases do DWT e a comparação do desempenho é feita com diferentes métricas de desempenho.

1.6 Limitação do Estudo

Os trabalhos da tese são:

- Limita-se à investigação baseada na simulação que se baseia na análise teórica.

1.7 Esboço de tese

O esboço desta tese é resumido como se segue: O capítulo dois discute sobre diferentes definições e conceitos de Rádio Cognitiva, Rede de Rádio Cognitiva, Ciclo de Rádio Cognitiva e tecnologia que inclui que foram dados por diferentes investigadores, benefícios e limitações da rádio cognitiva. O capítulo três descreve os métodos de investigação utilizados nesta tese, incluindo a derivação de métricas de desempenho para ED, ED baseada em desnudamento de ondas de uma só fase e a proposta de detecção de espectro em duas fases para CR. O capítulo quatro é dedicado à discussão dos resultados e discussões propostos. Capítulo cinco: Discute as conclusões e recomendações.

CAPÍTULO DOIS

REVISÃO DE LITERATURA

1.8 Introdução à Rádio Cognitiva

Um Rádio Cognitivo (CR) é um rádio inteligente que pode sentir o seu ambiente para melhorar a eficiência espectral utilizando o espectro por grosso com modificação do seu parâmetro de transmissão de acordo com o ambiente [12]. A tecnologia CR foi concebida para permitir a identificação, utilização e gestão do espectro vago, conhecido como Spectrum Hole [5].

1.8.1 Definições de Rádio Cognitiva

A CR foi definida de várias formas por vários grupos. É necessário fornecer as definições dos vários grupos para uma melhor compreensão.

Simon Haykin, define rádio cognitivo como [12]

> *"Um sistema inteligente de comunicação sem fios que está consciente do seu ambiente circundante (ou seja, mundo exterior), e usa a metodologia de entendimento por construção para aprender com o ambiente e adaptar os seus estados internos às variações estatísticas dos estímulos de radiofrequência (RF) recebidos, fazendo as alterações correspondentes em certos parâmetros operacionais (por exemplo, potência de transmissão, frequência portadora, e estratégia de modulação) em tempo real, com dois objectivos principais em mente:*
>
> *- Comunicações altamente fiáveis sempre e onde quer que seja necessário;*
>
> *- Utilização eficiente do espectro de radiofrequências.*

O Dr. Joe Mitola cunhou o termo "Rádio Cognitiva" pela primeira vez no final dos anos 90. Ele define o rádio cognitivo da seguinte forma [13].

> *"O termo rádio cognitivo identifica o ponto em que os assistentes digitais pessoais sem fios e as redes relacionadas são suficientemente inteligentes computacionalmente sobre os recursos de rádio e as comunicações computador a computador relacionadas para: detectar as necessidades de comunicações do utilizador em função do contexto de utilização, e fornecer recursos de rádio e serviços sem fios mais apropriados a essas necessidades".*

O grupo do Institute of Electrical & Electronic Engineers (IEEE) define rádio cognitivo que tem a seguinte definição de funcionamento [14]

11

"Um rádio cognitivo é um transmissor/receptor de radiofrequência que é concebido para detectar inteligentemente se um determinado segmento do espectro de rádio está actualmente a ser utilizado, e para saltar (e sair, conforme necessário) do espectro temporalmente não utilizado muito rapidamente, sem interferir com as transmissões de outros utilizadores autorizados".

1.8.2 Arquitecturas Cognitivas de Redes de Rádio

A arquitectura da Rede de Rádio Cognitiva (CRN) pode ser definida como uma rede de rádios cognitivos inteligentes que integram utilizadores sem fios, e capacidades de acesso dinâmico ao espectro. A CRN foi originalmente proposta para resolver o problema da escassez de espectro e do congestionamento da rede enfrentado ao empregar a banda de espectro não licenciada. Utilizando os dispositivos inteligentes de radiocomunicação cognitiva e o facto da escassez de espectro na banda do espectro não licenciada, foi introduzida uma rede de rádio cognitiva, a fim de dar aos utilizadores de rádio cognitivos; nomeados utilizadores secundários (SU's); a permissão para aceder e partilhar a banda do espectro licenciada com os seus utilizadores originais; nomeados PU, mas com a garantia de que o desempenho dos utilizadores originais não será afectado [5]A arquitectura da rede de rádio cognitiva (CRN) pode ser categorizada em dois grupos.

- Rede Primária
- Rede de Rádio Cognitiva.

Rede Primária: é uma rede pré-existente que tem um único direito sobre uma determinada banda do espectro. Os exemplos mais famosos para esta rede são as redes de difusão televisiva e as redes celulares. Esta rede é composta por dois componentes [15].

- Utilizador Primário (PU): são os utilizadores genuínos da rede licenciada; também podem ser chamados de utilizadores licenciados. Têm autorização para operar e aceder à secção da banda de frequência atribuída à rede primária, desde que a estação base da rede primária, que controla todos os processos de comunicação dos utilizadores, lhes dê permissão.
- Estação Base primária (estação base licenciada): é a estação base de espectro licenciada que se preocupa com as actividades de um utilizador primário. O sistema de um sistema celular transceptor de estação de base (BTS) é um exemplo.

Cognitive Radio Network, também chamada Secondary User Network, que não tem licença para operar numa banda licenciada pré-definida e o seu acesso ao espectro é concedido oportunisticamente. As redes radiofónicas cognitivas são constituídas pelos seguintes componentes [15].

* Utilizador Secundário (SU): utilizador não licenciado que é obrigado a utilizar o espectro apenas oportunisticamente. Os SU são também conhecidos como utilizadores cognitivos.
* Cognitive Radio Base-Station (estação de base sem licença): uma componente de infra-estrutura fixa com capacidades CR, proporcionando uma ligação de uma única loja aos utilizadores CR. Na detecção cooperativa do espectro, a estação de base CR é o Centro de Fusão que recolhe a informação dos utilizadores cooperativos e toma a decisão final sobre a detecção do espectro.
* Spectrum Broker: uma entidade central de rede que controla a partilha de recursos do espectro entre os utilizadores de CR.

1.8.3 Ciclo de Rádio Cognitivo

Um dispositivo CR pode sentir o espectro, identificar canais desocupados e decidir utilizar qual desses canais livres. O processo de detecção do espectro e os métodos de atribuição do espectro estão divididos em quatro categorias principais descritas como ciclo cognitivo. As acções realizadas por um dispositivo CR são a detecção do espectro, a gestão do espectro, a partilha do espectro e a mobilidade do espectro.[16].

Detecção do espectro - A detecção do espectro está continuamente a digitalizar o espectro e detecta a presença ou ausência do utilizador primário. CR monitoriza o ambiente em tempo real e determina o espectro que não está a ser utilizado. A detecção do espectro pode ser feita por um único rádio cognitivo, por múltiplos terminais de rádio cognitivos utilizando técnicas de cooperação.

Gestão do Espectro - A função de gestão do espectro permite aos utilizadores secundários na selecção e decisão do melhor canal disponível que satisfaça os objectivos específicos visados. Antes de utilizar c buraco no espectro, CR examina as taxas de dados, modos de transmissão, e requisitos do utilizador para encontrar o melhor espectro acessível. Implica fazer uma escolha baseada em dados de detecção de espectro para permitir que o rádio cognitivo escolha quando começar a funcionar, a frequência de funcionamento, e os aspectos técnicos que lhe estão associados.

Partilha de Espectro - Porque muitos SU podem estar lá e utilizando as lacunas de espectro disponíveis, oferecendo um mecanismo de programação justa entre os utilizadores coexistentes, é necessário definir abordagens de programação justa de espectro.

Mobilidade do espectro - Quando o utilizador primário inicia a transmissão, o CR deve cessar o seu funcionamento ou deixar imediatamente o espectro de rádio actualmente utilizado, a fim de evitar a colisão com o utilizador primário licenciado. A CR deve proporcionar uma transferência suave e manter a comunicação através da mudança para um furo de espectro superior, assegurando que a aplicação actualmente em execução no utilizador secundário não seja afectada pela transferência e sofra uma deterioração mínima do desempenho. A rádio deve procurar constantemente lacunas de espectro alternativas, a fim de manter uma transmissão sem falhas.

O ciclo de cognição através do qual um rádio cognitivo interage com o ambiente é mostrado na figura 2.2 abaixo.

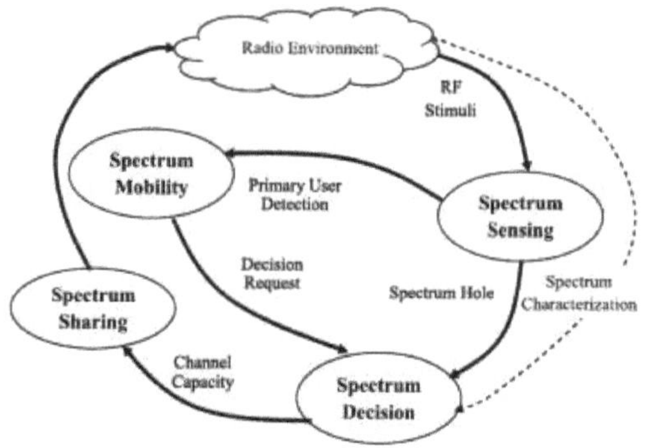

Figura 0-1 Ciclo de Rádio Cognitivo[16]

1.8.4 Técnicas de Acesso ao Espectro

O processo de exploração do espectro (ou seja, DSA) pode ser alcançado ou permitindo que um SU coexista com o PU na sua banda do espectro ou permitindo que o SU aceda oportunisticamente à banda do espectro do PU. Consequentemente, existem três modelos distintos utilizados para implementar o DSA na prática. Dois desses modelos permitem à CR transmitir simultaneamente os seus dados juntamente com o PU na sua banda do espectro. São chamados modelos underlay e overlay, enquanto o terceiro modelo permite que o CR só transmita se a banda do PU estiver vaga. Este modelo chama-se modelo interweave. Cada modelo tem o seu próprio princípio de funcionamento e exigência [5].

1.8.4.1 Modelo Underlay

No modelo underlay, os CR são autorizados a funcionar se a interferência causada aos PU estiver abaixo de um determinado limiar de potência de transmissão. Portanto, um CR deve sempre monitorizar a sua potência de transmissão e mantê-la abaixo de um nível que possa degradar a comunicação do PU. Por outras palavras, a comunicação entre o transmissor e o receptor de CR tem sempre de considerar o nível de interferência que pode causar aos PU's [5].

1.8.4.2 Modelo Overlay

Ao contrário do modelo underlay, um modelo overlay permite que os CR partilhem simultaneamente as bandas de PU do seu espectro sem impor qualquer restrição à potência de transmissão dos CR. Para o conseguir, assume-se que um transmissor CR tem um conhecimento completo das características do sinal do PU. Portanto, o CR pode empregar este conhecimento para reduzir significativamente ou cancelar qualquer interferência simultânea que possa ocorrer entre o transmissor CR do CR do transmissor e o receptor do PU. Por outras palavras, o CR deve ser capaz de descodificar a mensagem do PU e codificar a sua mensagem para que a interferência seja evitada. [5].

1.8.4.3 Modelo Interweave

Ao utilizar os dois modelos anteriores, a interferência não é evitada, não é garantida. A tentativa de evitar completamente a interferência resulta noutro modelo chamado modelo entrelaçado foi proposto. Neste modelo, não é permitido que um CR explore a banda do espectro do PU a menos que o PU esteja ausente. Ao contrário dos dois métodos anteriores, o CR não pode transmitir simultaneamente o PU da sua banda. Portanto, a CR deve periodicamente detectar a existência do PU sobre a banda e depois utilizar a banda se esta estiver ociosa. Um processo preciso de detecção da existência de PU é um componente funcional chave para um modelo entrelaçado. Muitos trabalhos de investigação têm-se concentrado na concepção de técnicas de detecção precisas e eficientes [5].

1.8.5 Aplicações de Redes de Rádio Cognitivas

As redes de rádio cognitivas são utilizadas numa variedade de aplicações. Algumas das suas utilizações são descritas como se segue.

Redes Militares: Esta é a aplicação mais essencial, uma vez que as redes militares transportam informação sensível, é difícil protegê-las contra o encravamento ou hacking. Devido à sua flexibilidade de funcionamento em múltiplas bandas de frequência, os militares empregam redes de rádio cognitivas. Por exemplo, um sistema que utiliza a técnica de rádio cognitiva como o rádio SPEAKeas foi desenvolvido pelo departamento de defesa nos Estados Unidos [15].

Redes de Alívio de Catástrofes e de Emergência: As catástrofes naturais tais como terramotos, furacões e incêndios florestais, bem como calamidades significativas tais como acidentes mineiros, podem prejudicar parcial ou totalmente as redes. Porque a atribuição de uma ou mais redes para comunicar informação vital e significativa é um grande desafio em tais situações de emergência, as redes de rádio cognitivas podem ser utilizadas para criar tais redes de emergência. Como resultado, as redes de emergência podem oportunisticamente aceder a bandas de espectro licenciadas, permitindo-lhes ter uma quantidade substancial de capacidade de espectro para enviar informação importante e precisa.[15].

Espaços Brancos de TV: O espaço branco de TV é o espectro nas bandas VHF/UHF, que já é concedido a utilizadores licenciados, por exemplo, os emissores de televisão de grandes dimensões; no entanto, o espaço branco de TV não é muito utilizado como antes, pelo que as redes de rádio cognitivas podem beneficiar do mesmo[15].

1.8.6 Vantagem da Rádio Cognitiva

- Pode reconfigurar-se dinamicamente de acordo com as condições de transmissão actuais.
- Minimiza a porção espectral não utilizada, e aumenta a eficiência espectral.
- Permitir que o utilizador licenciado reinvista na parte licenciada do espectro que pagou por ele, alugando-a separadamente aos utilizadores não licenciados.

1.8.7 Limitações da Rádio Cognitiva

- Embora a Rádio Cognitiva ideal não assuma qualquer influência sobre outros ouvintes de rádio, na prática, prevê-se alguma influência por parte dos utilizadores licenciados.
- O utilizador secundário pode não alcançar a qualidade de serviço exigida mesmo quando partilha a banda do espectro licenciado.
- Problemas de nós ocultos.

1.9 Sensores de Espectro para Rádio Cognitivo

A detecção de espectro define a tarefa de encontrar de forma fiável oportunidades de espectro (também chamadas buracos de espectro), ou seja, bandas que são temporariamente não utilizadas pelo utilizador primário licenciado e as colocam em uso. A Institution of Electrical and Electronics Engineers (IEEE) criou um grupo de trabalho

(IEEE 802.22) para fazer uma norma de interface aérea para o acesso secundário oportunista à WRAN (Wireless Regional Area Network) utilizando tecnologia de rádio cognitiva nas bandas de TV entre 54 e 862 MHz [17]. A ideia subjacente à rádio cognitiva é permitir a maximização universal do espectro desde que os utilizadores não licenciados não causem deterioração do serviço aos detentores originais da licença. Na prática, os utilizadores não licenciados, também conhecidos como utilizadores cognitivos, devem monitorizar constantemente a actividade do utilizador primário para localizar uma banda de espectro apropriada para utilização oportunista, evitando ao mesmo tempo potenciais interferências com utilizadores licenciados, também conhecidos como utilizadores primários. Uma vez que os utilizadores primários têm a prioridade do serviço, a detecção do espectro acima referida pelos utilizadores cognitivos incorpora a detecção de possível deslocalização de colisão quando um utilizador primário volta a ficar activo na banda do espectro.

1.9.1 Modelo do sistema

Uma das funções mais essenciais dos sistemas de rádio cognitivos é a detecção do espectro. A detecção do espectro baseia-se no conhecido método de detecção de sinais. A detecção de sinais pode ser simplificada para um simples problema de identificação [12],[18] que pode ser formulado como um teste de hipóteses. Isso pode ser descrito como.

$$s(n) = \begin{cases} w(n) & H_0: Primary\ User\ is\ Absent \\ x(n) + w(n) & H_1: Primary\ User\ is\ Present \end{cases} \tag{0.1}$$

onde $n = 1, \ldots, N$, N é o número de amostras, $s(n)$ é o sinal SU recebido, $x(n)$ é o sinal PU, $w(n)$ é o aditivo ruído Gaussiano branco ($AWGN$) com média e variância zero δ^2 . Onde H_0 denota a ausência do utilizador primário e H_1 expressa a presença do utilizador primário. A determinação do utilizador primário disponível na determinada banda do espectro reduzida a um problema de identificação. Isto é formalizado como um teste de hipóteses como:

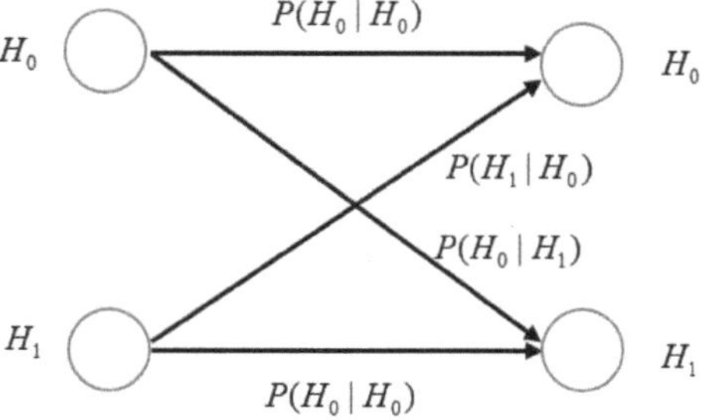

Figura 0-2 Teste de hipotese com possíveis resultados e os seus correspondentes [19]

A partir da Figura 2-2, podem ser indicados quatro casos possíveis para o sinal detectado;

- Caso 1: Declarar H_0 quando H_0 é verdade $P\big(H_0 \mid H_0\big)$

- Caso 2: Declarar H_1 quando H_1 é verdade $P\big(H_1 \mid H_1\big)$

- Caso 3: Declarar H_0 quando H_1 é verdade $P\big(H_0 \mid H_1\big)$

- Caso 4: Declarar H_1 quando H_0 é verdade ($P\big(H_1 \mid H_0\big)$)

O desempenho da detecção do espectro pode ser avaliado pela probabilidade de detecção $\big(P_d = P(H_1 \mid H_1)\big)$,a Probabilidade de Falso Alarme $\big(P_f = P(H_1 \mid H_0)\big)$ e a probabilidade de detecção de falhas ($P_m = 1 - P_d$). A Probabilidade de falso alarme é definida como a probabilidade de um utilizador secundário decidir falsamente a presença de PU quando o PU não está realmente presente. Representa a medida em que o PU perdeu a oportunidade espectral. A probabilidade de detecção também chamada detecção correcta é definida como a probabilidade de um SU decidir verdadeiramente que o PU está activo quando o PU está de facto activo. A probabilidade de detecção incorrecta mostra o nível de interferência sobre o PU devido à falha na detecção exacta da actividade do PU. A fim de proteger o PU, P_m deve ser restringido abaixo de um nível aceitável.

O caso 2 é referido como uma detecção adequada, enquanto que os casos 3 e 4 são referidos como uma detecção falhada e um falso alarme, respectivamente. Claramente, o objectivo do detector de sinais é conseguir sempre uma detecção perfeita; mas, devido principalmente à natureza estatística do problema, isto nunca será exequível na prática. Como resultado, os detectores de sinais são construídos para funcionar dentro de certos limites de erro. As detecções em falta são o problema mais grave na detecção do espectro, uma vez que podem causar colisão com o utilizador primário.

Na detecção do espectro, uma das técnicas primárias de detecção de sinais do utilizador é executada para decidir entre as duas hipóteses H_0 e H_1. A saída do detector, também chamada estatística de teste T, é então comparada com algum limiar γ a fim de se tomar uma decisão sobre a existência ou presença de PU. A decisão de detecção é executada como

$$Decsicion = \begin{cases} T \geq \gamma & , H_1 \\ T < \gamma & , H_0 \end{cases}$$
(0.2)

Geralmente, o processo de detecção de espectro pode ser representado com a figura 2-3 abaixo. As estatísticas de teste para um determinado algoritmo de detecção do espectro são calculadas e comparadas com o limiar para decidir se o espectro está livre ou ocupado.

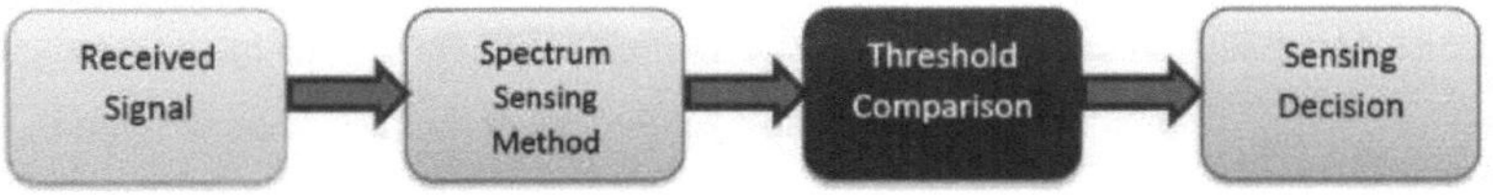

Figura 0-3 Modelo geral de sensoriamento do espectro [20]

1.9.2   Técnicas de Detecção do Espectro

Na rádio cognitiva, as técnicas de detecção de espectro podem ser categorizadas em a: Detecção de Transmissores, Detecção Baseada em Interferências e Detecção Cooperativa[21]. A figura 2-4 mostra a classificação da detecção do espectro.

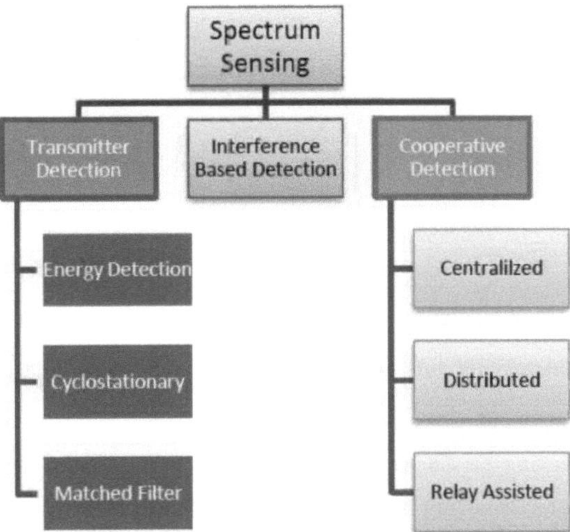

1.9.3 Detecção de transmissores

Este é o mecanismo mais amplamente utilizado para detectar a presença de um utilizador licenciado na gama de frequências em que está a funcionar. Na detecção de transmissores, deve ser identificado um PU a transmitir num determinado momento. Com base no sinal recebido na extremidade do utilizador secundário, é reconhecido um utilizador principal, ou seja, o PU. O objectivo da detecção de transmissores em geral é decidir a existência ou ausência de PU com base na medição e observação local num dado momento.[21].

1.9.3.1 Detecção de Energia

A Detecção de Energia (ED) é o algoritmo de detecção do espectro do método mais utilizado devido ao facto de não exigir informação prévia do sinal PU e de ter uma baixa complexidade computacional. No algoritmo ED, a ocupação do espectro é decidida com base no limiar obtido em função do piso sonoro. Funciona com base na ideia de que com base na energia do sinal PU a ser detectado é sempre maior do que a energia sonora.

Assumindo que o sinal recebido na SU, ou seja, $s(n)$ tem a seguinte forma.

$$s(n) = x(n) + w(n) \qquad (0.3)$$

Onde $x(n)$ é o sinal PU, $w(n)$ é o aditivo ruído Gaussiano branco ($AWGN$), e n é o índice da amostra. Quando não há transmissão de PU, ou seja $x(n) = 0$ e a equação 2.2 torna-se

$$s(n) = w(n) \qquad (0.4)$$

As estatísticas dos Testes de DE são dadas como

$$T = \sum_{n=0}^{N} |s(n)|^2 \qquad (0.5)$$

Onde N define o tamanho da observação. A fim de determinar a ocupação de uma banda, a estatística de teste T é comparada com um limiar λ . Se a energia do sinal recebido no SU for superior a λ , a hipótese H_1 é validada e o utilizador licenciado é declarado como presente. Se a energia for inferior ao limiar dado, a hipótese nula alternativa H_0 é validada, indicando assim a presença de um Espaço Branco. O limiar é determinado com base na energia sonora e a sua precisão é significativa para o desempenho do ED. A fim de detectar com precisão o limiar de decisão λ , tanto o sinal como a intensidade do ruído devem ser conhecidos. Uma vez que a informação sobre a força do sinal PU é difícil de obter, supõe-se uma Taxa de Alarme Falsa Constante ($CFAR$) para seleccionar λ.

Modelo de sistema de detecção de energia

A figura 2-5 mostra um modelo de sistema de detecção de energia que se destina a classificar a presença ou ausência de PU. De acordo com o diagrama de blocos dado, o sinal recebido passa por BPF inicialmente para eliminar ruído fora da banda de interesse com largura de banda W e frequência central f_0, a saída de BPF é quadrática e integrada ao longo do intervalo de observação T. Eventualmente, a saída do integrador, Y, é comparada com um limiar, λ, para determinar se um PU está ou não presente [15].

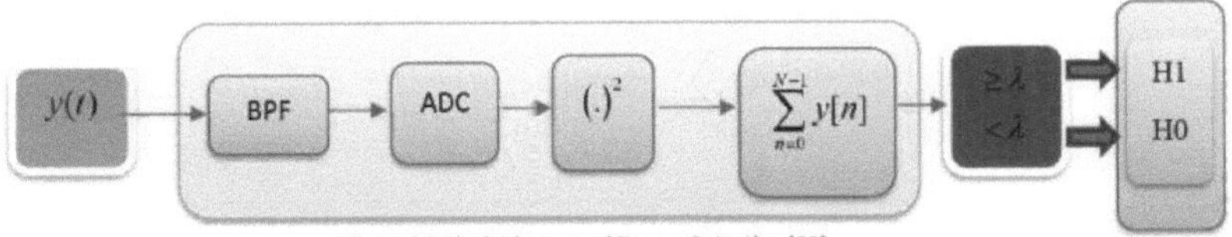

Figure 0-5 Block Diagram of Energy Detection [22]

1.9.3.2 Detecção de características cíclicas

A Cyclostationary Feature Detection (CFD) utiliza as características de periodicidade do sinal primário para identificar a sua presença ou ausência. Apesar de os dados representarem um processo estacionário aleatório, estes sinais modulados são classificados como Cicloestacionários porque as suas médias e estatísticas de autocorrelação são periódicas [23]. Uma função de correlação espectral é utilizada para detectar estas características. A periodicidade é frequentemente observada em portadores de sinais sinusoidais, comboios de impulsos, sequências de salto de código espalhado, e prefixos cíclicos do utilizador primário. Se a média e a autocorrelação de um sinal é uma função periódica, diz-se que é ciclo-estacionária. A detecção de características refere-se ao processo de extracção de características de um sinal recebido e de realização da detecção com base nessas características. Utilizando a informação inerente ao sinal PU que não está presente no ruído, o CFD identifica o sinal PU a partir do ruído a uma detecção de SNR extremamente baixa. A principal desvantagem desta abordagem é a complexidade computacional que resulta num longo período de detecção. Uma vez que requer um grande cálculo, todas as frequências serão calculadas. Espalhamento, sequências de salto, e prefixos cíclicos são todos exemplos de periodicidade incorporada. Se assumirmos um sinal, um sinal $y(k)$ ser um sinal discreto de média zero com função de autocorrelação $R_x(n, k)$ ter período cíclico T como em [24].

$$R_x(n,k) = R_x(n+T, k+T)$$

(0.6)

A Função de Autocorrelação Cíclica (CAF) é um parâmetro importante utilizado para a detecção de características. A Função de Correlação Espectral (SCF) que é domínio de frequência da eq. (2,5) também é dada pela eq. (2,6). Ela mostra o grau de correlação entre as mudanças de frequência do sinal, tal como dada por[24] eq. (2,6) e (2,7)

$$S_x^\alpha = \sum_{k=-\infty}^{\infty} R_x^\alpha(k) e^{i2\pi k}$$

(0.7)

$$R_x^\alpha(k) = \lim_{N\to\infty} \frac{1}{2N+1} \sum_{n=-N}^{N} x(n) x^*(n-k) e^{-j2\pi\alpha n} e^{j\pi\alpha k}$$

(0.8)

Onde, $R_x^\alpha(k)$ é a CAF do sinal discreto e α frequência cíclica. $S_x^\alpha(f)$ é o espectro de potência do sinal para $\alpha = 0$.

Modelo de Sistema de Detecção de Característica Cicloestacionária

A representação em diagrama de blocos do sistema de detecção ciclo-estacionário é mostrada na Fig.2-6 abaixo.

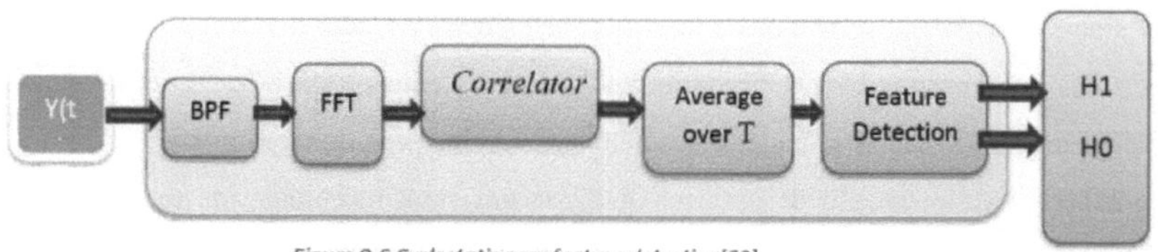

Figure 0-6 Cyclostationary feature detection[23]

1.9.3.3 Detector de Filtros Combinados

Esta é uma técnica de detecção coerente que requer um conhecimento prévio do sinal transmitido do PU. Tal conhecimento inclui a frequência de funcionamento, largura de banda e modulação. esta informação é utilizada para desmodular o sinal recebido [25]. O sinal PU é primeiro e manuseado como entrada para o Detector de Filtros Combinados (MFD) e toda a informação necessária para fazer o processo de correspondência é extraída pelo MFD. A Figura 3.4 descreve a implementação de um filtro combinado

22

utilizando uma Resposta de Impulso Finito (FIR) do sinal conhecido. $S(k)$ para gerar coeficientes de filtragem. O sinal recebido $x(k)$

$$y[n] = \sum_{k=0}^{n} h[n-k]x[k] \qquad (0.9)$$

Onde, $y[n]$ é a saída do filtro *FIR* para o sinal recebido e a resposta $h[n] = S[N-1-n]$ para $n = 0,........, N-1$. A principal vantagem do MFD é que leva menos tempo a adquirir um elevado ganho de processamento devido à típica detecção coerente. No entanto, se a informação não for exacta, o MFD tem um mau desempenho. Além disso, um rádio cognitivo precisaria de um receptor dedicado para cada tipo de sinal de PU. O diagrama de blocos do filtro combinado é o mostrado abaixo.

Modelo de sistema de filtro combinado

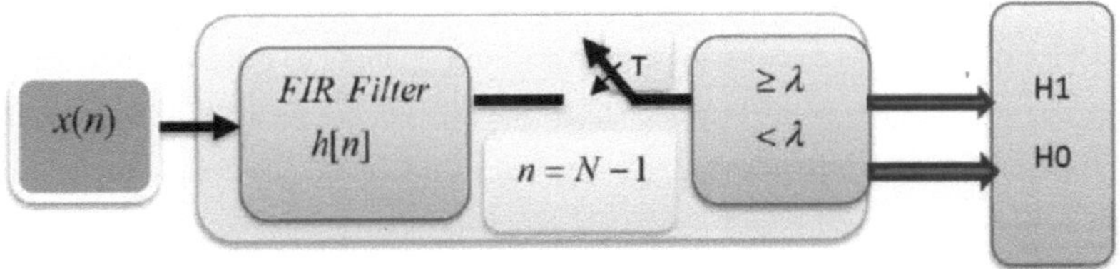

Figure 0-7 Matched Filter Spectrum Sensing[10]

1.9.4 Detecção baseada em interferências

Este modelo baseia-se no facto de que a potência do sinal recebido num receptor principal diminui exponencialmente com a distância, até atingir o nível de ruído. Apesar do facto de um transmissor primário ainda estar operacional neste momento, o receptor trata isto como ruído e não como comunicação. Isto permite a um SU aceder ao canal porque não há interferência é introduzida com os PU's[10].

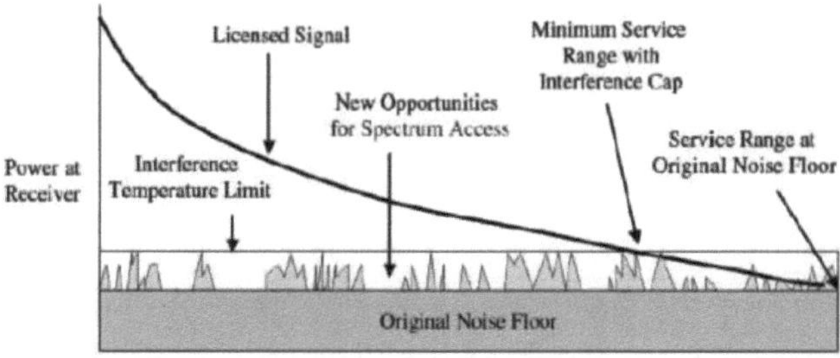

Figura 0-5 Modelo de Temperatura de Interferência [10]

1.9.5 Detecção Cooperativa

As UDs múltiplas trabalham em conjunto de uma forma centralizada ou descentralizada para identificar lacunas de espectro para um acesso oportunista na detecção cooperativa. com este cenário, cada nó participante utiliza qualquer um dos métodos de detecção de espectro previamente especificados enquanto troca a informação de decisão bruta/local com outros nós, dependendo da estratégia de cooperação escolhida. Uma vez que o sombreamento, o desvanecimento de múltiplas vias e a incerteza do receptor criam sérios problemas à identificação de um único utilizador transmissor na detecção do espectro, esta noção de cooperação é considerada [26].

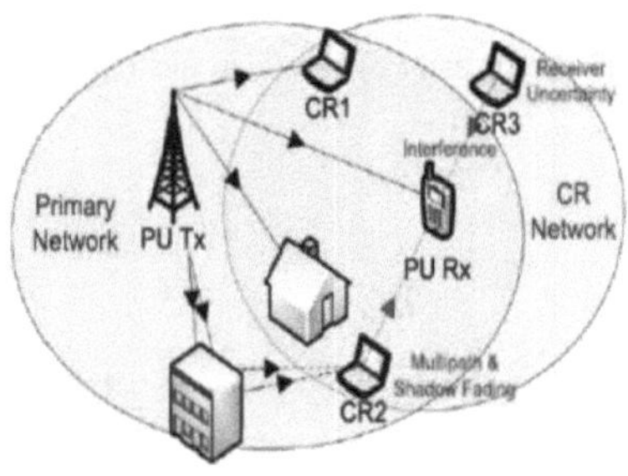

Figura 0-6 Multipathing, Sombra e Incerteza do Receptor [26]

Da figura 2-9 acima, o Utilizador de Rádio Cognitivo 1(CR1) e o Utilizador de Rádio Cognitivo 2(CR2) estão na gama de comunicação do transmissor de PU, por outro lado o Utilizador de Rádio Cognitivo 3(CR3) não está.CR2 sofre de sombra e multi-caminho como resultado de obstrução da casa devido a múltiplas cópias do sinal de PU acaba por chegar, o que pode levar a uma decisão incorrecta do CR2. Além disso, a CR3 desconhece a transmissão de PU e também a existência de PU. Eventualmente a transmissão do CR3 pode interferir na comunicação PU, este efeito é chamado de incerteza do receptor. Contudo, ao aplicar a vantagem da diversidade espacial, é improvável que todos os SU dentro da rede experimentem o desvanecimento ou a incerteza do receptor. Uma vez que os SU que recebem um sinal PU forte, como CR1, podem sentir e partilhar o resultado com outros SU. Ao aplicar a cooperação entre utilizadores CR, a detecção de PU é melhorada [27]Três tipos de sensoriamento cooperativo são ilustrados na Figura 2-10.

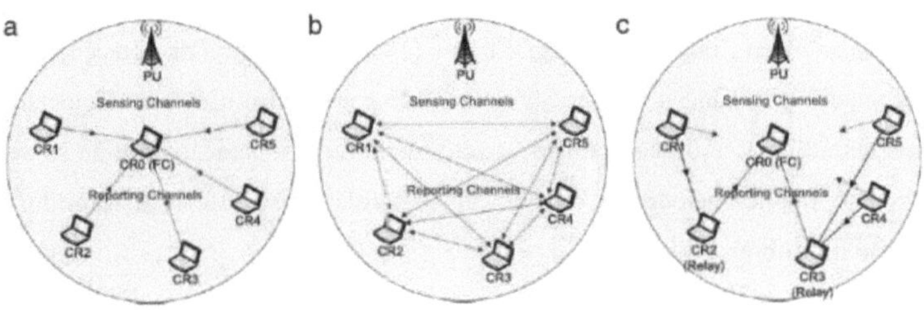

Figura 0-7 Técnicas de Detecção Cooperativa: (a, Centralizada, (b) Distribuída (descentralizada), e (c) Assistida por Estafetas [10]

1.9.5.1 Detecção cooperativa centralizada

Numa estrutura centralizada, uma entidade central chamada Centro de Fusão (CF) determina a presença de espaço branco após a combinação de CRs locais de SS cooperantes. Esta oportunidade é partilhada com todos os CR ou a CAF gere o tráfego através do tratamento eficiente do espectro descoberto. Os SU cooperantes poderiam comunicar os dados recolhidos à CAF, o que lhe permitiria fazer a fusão de dados para determinar a presença de um PU, ou poderiam transmitir decisões individuais à CAF. A combinação suave refere-se ao processo de fusão em que o SU fornece todos os dados de detecção local. Enquanto no caso da fusão de combinação dura, uma decisão de um bit tomada pelo SU é o envio da ME [27].

1.9.5.2 Detecção Cooperativa Distribuída

Não se prevê que os SU dependam da FC para fazer a escolha final num sistema cooperativo distribuído; em vez disso, espera-se que os SU comuniquem entre nós para chegar a uma conclusão global sobre a existência ou ausência de PU. Isto é feito em três fases, cada uma das quais é especificada por um algoritmo distribuído. Para começar, cada utilizador participante comunica os seus dados de detecção local a outros utilizadores na sua vizinhança imediata (definidos pelo intervalo de transmissão dos utilizadores). Depois, dependendo dos critérios locais, os utilizadores cooperantes combinam dados com informação de detecção de entrada de outros utilizadores para determinar a existência ou ausência de um PU.neste esquema cada SU desempenha um papel de FC de uma forma distribuída [18].

1.9.5.3 Detecção cooperativa assistida por estafetas

Os canais de detecção e informação dos sistemas acima mencionados podem não funcionar bem em circunstâncias do mundo real. Por exemplo, o canal de notificação de um SU pode ser fraco enquanto o seu canal de detecção é robusto devido a efeitos de sombra ou multi-caminhos, enquanto que o canal de notificação de outro SU pode ser poderoso, mas o seu canal de detecção é fraco. [18]. O paradigma da detecção assistida por relé sugere a utilização de um SU como relé para transmitir dados detectados. O esquema centralizado e descentralizado é referido como cooperação de uma só vez em [27]enquanto que o método de cooperação assistida por estafetas é referido como cooperação multi-hop.

1.10 Resumo do Algoritmo de Detecção do Espectro

Quadro 0-1 Resumo dos Algoritmos de Detecção do Espectro

Algoritmo Detector de Espectro	Vantagem	Desvantagem
Detecção de energia com base em transmissores		
Detecção de Energia	• Não requerer informação prévia	• Mau desempenho em baixo SNR
Características da Ciclostationary	• Válido na região de baixo SNR	• Exigir a informação prévia parcial • Tempo de sensoriamento elevado
Filtro combinado	• Baixo custo computacional	• Exigir o conhecimento prévio do sinal primário do utilizador
Detecção Cooperativa		
Detector de base centralizada	• Melhorar o desempenho de detecção no desvanecimento, sombra e incerteza sonora	• Exigir infra-estrutura óssea traseira • Complexidade na fusão de decisões

Detector de base distribuída	• Não requer qualquer infra-estrutura óssea dorsal • Menos complexidade com protocolo de despesas gerais reduzidas	• A interferência do utilizador pode acontecer
Estafetas Assistidas	• maior precisão na detecção de PU	• Despesas gerais de tráfego
Detecção baseada em interferências		
Interferência baseada na temperatura detecção	• A potência irradiada na interferência do sistema é regulada no transmissor	• Dificuldade em determinar níveis específicos de temperatura de interferência do receptor para as várias comunicações

1.11 Pesquisas relacionadas

Muitas contribuições são defendidas a fim de resolver o desempenho do CED em casos de baixo SNR. O modelo adaptativo de detecção de espectro em duas fases utilizando detecção de energia e denoising de ondas para sistemas de rádio cognitivos. é apresentado em [28].neste dois métodos estão em cascata em estrutura paralela com a ajuda da estimativa SNR. Durante o SNR elevado condicionado só é implementado para identificar a existência de utilizador primário. No caso de um problema de SNR baixo, uma vez que ED tem baixo desempenho, é activada previamente uma Denoising Wavelet para reduzir o efeito do ruído. Este método proposto alcançou uma melhor probabilidade de detecção quando comparado com ED apenas.

Detecção de Energia com Limiar Adaptativo para Rádio Cognitivo. é sugerido em [29].este documento resolve o problema clássico da DE a baixo SNR, considerando o factor de incerteza sonora para o cálculo do limiar adaptativo. Este método baseia-se no facto de que o aumento/diminuição do limiar irá diminuir/aumentar o desempenho de DE, respectivamente. Ao considerar esta ideia, propõe-se uma janela deslizante para reamostragem do sinal recebido após a estimativa do factor de incerteza sonora e o número de amostras que dão bons resultados é considerado para o cálculo do limiar adaptativo. Os resultados da simulação demonstraram que o ED com limiar adaptativo tem uma melhoria significativa em caso de baixo SNR, em comparação com o ED.

Melhoria do Desempenho da Detecção de Energia Usando Filtros de Des-Notação de RLS e Wavelet. Foi sugerido em [30]para resolver o problema do detector de energia com baixo SNR. Um algoritmo de detecção de energia em fase única é concebido utilizando filtros de denoising, tais como os filtros de denoising recursivos menos quadrados, e filtros de denoising de ondas. O principal objectivo da denoising é alcançar o ganho SNR para que o desempenho de detecção de DE seja melhorado. O desempenho do método proposto mostra que há um aumento notável no rendimento em comparação com o Detector de Energia.

É apresentado um esquema de detecção de espectro em duas etapas para redes de rádio cognitivas. [31]O problema do DE em baixo SNR é resolvido através de uma abordagem em duas fases. O algoritmo complexo computacional baixo utilizado para detecção grosseira seguido por um algoritmo complexo com bom desempenho de detecção com baixo SNR é seleccionado.neste artigo, a detecção do valor próprio máximo (ME) é utilizada como detecção em segunda fase. O objectivo da utilização de duas fases é, sempre que as ausências do utilizador primário são decididas na primeira fase, o ME é executado para verificação. O resultado de comparações contra ED e ME mostra que o método proposto requer menos tempo de detecção, obtendo-se quase o mesmo desempenho de detecção com a detecção máxima do valor próprio.

Detecção de espectro em duas fases para rádios cognitivos.in [32], é proposto para resolver o problema da DE em caso de baixa SNR, combinando dois mecanismos de detecção do espectro em duas fases. Neste wok ED é utilizado como fase grosseira (primeira fase), enquanto que a detecção ciclostática é implementada na segunda fase devido à sua complexidade computacional e tempo de detecção longo. O principal objectivo é aproveitar a vantagem do detector ciclo-estacionário em casos de baixa SNR.

Em [33]A melhoria na DE durante a condição de baixo SNR baseia-se na redução da potência sonora através da utilização da Transformada Híbrida Slantlet (HST). Esta abordagem baseia-se no banco de filtros, que decompõem o sinal um conjunto de coeficientes. Estes coeficientes que compõem componentes de alta frequência são considerados como parte do ruído do sinal e o limiar é aplicado para eliminar estes componentes de alta frequência. O resto dos coeficientes são utilizados para reconstruir o sinal denotado. O resultado é comparado com o ED e mostra a superioridade óbvia.

Em [34] o problema do detector de energia com baixo valor de SNR é resolvido através da utilização do melhoramento de SNR. O efeito do ruído é reduzido através da inserção do Filtro Wiener Adaptativo que melhora a resposta do sistema através da filtragem da componente de ruído. Foi demonstrado que o desempenho do detector de energia convencional é melhorado com a inserção de filtro de salsicha adaptável na extremidade frontal do detector de energia convencional.

Sensoriamento de Espectro em duas fases para Rádio Cognitivo sob Incerteza de Ruído.é proposto em [35]Neste trabalho foram propostas duas novas técnicas de detecção do espectro, utilizando ED com detecção de valor próprio máximo (MED) e ED ao longo da Covariance Absolute Value Detection (CAV). Em ambos os casos, a DE é utilizada como a fase grosseira dos algoritmos propostos porque executa a detecção de espectro dentro de um curto período de detecção e proporciona uma detecção fiável em ambiente de SNR elevado. Por outro lado, MED e CAV são utilizados apenas durante a condição de SNR baixa. O desempenho do algoritmo proposto oferece uma detecção fiável Embora o método proposto exija um longo tempo de detecção

Em [36]O Estudo de Simulação do Método de Detecção de Energia de Duplo Limiar para Rádios Cognitivos é sugerido para melhorar o desempenho da DE a baixos SNR através da detecção cooperativa de espectro (CSS) baseada no duplo limiar. Considerando o parâmetro de incerteza, o valor limiar único é de ED é traduzido para limiar duplo classificado como valor limiar superior e limiar inferior. Neste método, cada nível de energia de utilizador secundário é enviado para o Centro de Fusão a fim de tomar a decisão final. Isto irá aliviar o problema da condição de baixo SNR em alguns utilizadores de CR. A análise e os resultados da simulação mostram que do algoritmo proposto supera o desempenho do ED convencional na região de baixo SNR.

A Técnica Eficiente de Detecção Multi-Estágio de Espectro para Redes de Rádio Cognitivas Sob Condição de Ruído é descrita em [37]Neste trabalho são combinados dois métodos de detecção de espectro denominados ED e uma combinação de detecção de valor próprio máximo-mínimo (CMME). A primeira fase é utilizada com ED a fim de detectar o utilizador primário com menos computação. CMME é utilizado sempre que a primeira fase não detecta a presença de utilizador primário, ou seja, com baixo SNR. O resultado da simulação mostra que o método proposto proporciona uma melhor detecção em condições de baixo SNR em comparação com os métodos individuais no outro, a complexidade computacional levou-o a um maior tempo de detecção espectral.

CAPÍTULO TRÊS

2 METODOLOGIA

2.1 Introdução

Nesta tese, foram revistos estudos anteriores de investigadores sobre o algoritmo de DEC com a sua questão de desempenho na região de baixo SNR. Além disso, a fim de aliviar o problema do DEC, muitos investigadores apresentaram o método proposto, tal como a desnaturação prévia do sinal PU, a fim de melhorar a SNR, não só isso, mas também foi proposto um método em duas fases para melhorar o desempenho do DEC. Tendo por base os trabalhos anteriores e tendo em mente o problema do DCE com baixo nível de SNR, a metodologia desta tese é retratada da seguinte forma.

2.2 Materiais

Para todos os trabalhos de cálculo e simulações nesta tese, foi utilizado o MATLAB/R2020a. MATLAB é a plataforma informática que é utilizada para analisar dados, desenvolver algoritmo.

2.3 Métodos

2.3.1 Concepção do sistema

- Análise do modelo matemático de DEC em termos de Probabilidade de Detecção, Probabilidade de Alarme Falso, Probabilidade de Detecção de Falta.
- Cálculo do SNR do sinal denotado para cada entrada SNR diferente

2.3.2 Métodos de simulação

- Efectuar comparações de desempenho de denoising para diferentes wavelets.
- Realizar Probabilidade de Detecção versus simulação SNR.
- Realizar simulação de Probabilidade de Falso alarme versus Probabilidade de Detecção (gráfico ROC).
- Realizar simulação de Probabilidade de Falso alarme versus Probabilidade de Falsa Detecção (gráfico CROC).
- Realizar simulação de Detecção Cooperativa com AND-Fusion e OR-Fusion com diferentes números de utilizadores.
- Simular e avaliar o desempenho do método proposto SS de duas fases em comparação com o CED e o CED de uma única fase tendo denoising em nó único e cenário cooperativo.

2.3.3 Distribuições Estatísticas e Variáveis Aleatórias

Uma variável aleatória (RV) é uma variável cujo valor depende da aleatoriedade e é estatisticamente modelada pela distribuição ou pela Função de Distribuição de Probabilidade (PDF) que se segue. Nesta secção, as distribuições estatísticas comummente utilizadas na comunicação sem fios são apresentadas com o seu PDF e Função de Densidade Cumulativa (CDF).

2.3.3.1 Distribuição Gaussiana

Se um RV segue uma distribuição Gaussiana ou Normal, o seu PDF é definido por [38] , eq. (3.1)

$$f(y) = \frac{1}{\sqrt{2\pi\delta^2}} e^{\frac{-(y-\mu)}{2\delta^2}} \qquad -\infty < y < \infty \qquad (2.1)$$

Onde, μ e δ^2 são a média e a variância respectivamente[38]. A notação $y \; \square \; N(\mu,\delta^2)$ significa que uma variável aleatória y é distribuída em gaussiano, com média μ e variância δ^2. O seu CDF é definido como [38], eq. (3.2)

$$F(y) = P(Y \leq y)$$

$$= \int_{-\infty}^{y} f(y)dy$$

$$= \frac{1}{2}\left[1 + erf\left(\frac{x-\mu}{\sqrt{2\delta^2}}\right)\right] \qquad (2.2)$$

2.3.4 Distribuição em qui-quadrado

Uma distribuição Chi-Squared ou uma distribuição central Chi-Squared é definida como uma soma de quadrados de padrão normal independente RV s, Y com média zero e variância unitária. A RV Z é [38], eq. (3.3)

$$Z = \sum_{i=1}^{K} Y_i{}^2 \qquad (2.3)$$

E é distribuído de acordo com a distribuição Chi-Squared com K graus de liberdade. É também indicado como $Z \; \square \; X_k^2$. O PDF para a distribuição do Chi-Squared é [38], eq. (3.4)

$$f(y) = \begin{cases} \dfrac{1}{2^{\frac{k}{2}}\Gamma\left(\frac{k}{2}\right)} y^{\frac{k}{2}-1} e^{\frac{-y}{2}} & ,0 \leq y < \infty \\[4mm] 0 & ,Otherwise \end{cases} \tag{2.4}$$

O seu CDF é definido como [38], eq. (3,5)

$$F(y) = P(Y \leq y)$$

$$= \int_0^y f(y)dy$$

$$= \frac{1}{\Gamma^{\frac{k}{2}}}\gamma\left(\frac{k}{2},\frac{y}{2}\right) \qquad ,0 \leq y < \infty \tag{2.5}$$

e o seu CCDF é definido como [38], eq. (3.6)

$$CCDF(y) = P(Y > y)$$

$$= 1 - F(y)$$

$$= \frac{1}{\Gamma^{\frac{k}{2}}}\Gamma\left(\frac{k}{2},\frac{y}{2}\right), \qquad 0 \leq y < \infty \tag{2.6}$$

2.3.5 Distribuição não central Chi-squared

Uma Distribuição Não-Central Chi-Squared é definida como uma soma de quadrados de Normal RV s independente, Y com média μ e variância δ^2 . A RV Z é [38], eq. (3.7)

$$Z = \sum_{i=1}^{k} \left(\frac{y_i}{\delta_i}\right)^2 \tag{2.7}$$

e é distribuído de acordo com a distribuição Não-Central Chi-Squared com k graus de liberdade e o parâmetro de não-centralidade ψ , que é definido como [38], eq. (3.8)

$$\psi_{nc} = \sum_{i=1}^{k} \left(\frac{\mu_i}{\delta_i}\right)^2 \tag{2.8}$$

O PDF para distribuição Não-Central Chi-Squared é [38], eq. (3.9)

$$f(x) = \begin{cases} \dfrac{1}{2} e^{\frac{-(y+\psi_{nc})}{2}} \left(\dfrac{y}{\psi_{nc}}\right)^{\frac{k}{4}-\frac{1}{2}} I_{\frac{k}{2}-1}\left(\sqrt{\psi_{nc}y}\right) & ,0 \leq y < \infty \\ 0 & ,otherwise \end{cases} \tag{2.9}$$

e é *CDF* é definido como [38], eq. (3.10)

$$F(y) = 1 - \mathbb{Q}_{\frac{k}{2}}\left(\sqrt{\psi_{nc}}, \sqrt{y}\right), 0 \leq y < \infty \tag{2.10}$$

Onde, $\mathbb{Q}_m(a,b)$ é Marcum...$\mathbb{Q}$ functioin

2.3.6 Soma de Duas Variáveis Aleatórias

Que X e Y sejam independentes RV s com o *PDF* de $f_x(x)$ e $f_y(y)$. A soma destes dois RV's independentes é $Z = X + Y$. O *PDF* de Z é dado por [39], eq. (3.11)

$$f_Z(z) = f_X(x) * f_Y(y)$$

$$= \int_{-\infty}^{\infty} f_X(x).f_Y(z-x)dx \tag{2.11}$$

Por outras palavras, $f_z(z)$ é a convolução de $f_X(x)$ e $f_Y(y)$ [39]. Por exemplo, que Z seja a soma de dois gaussianos independentes distribuídos X e Y com μ_x , δ_x^2 , μ_y e δ_y^2 . O *PDF* de X pode ser escrito de acorço com (3.1) como [39], eq. (3.12)

$$f_X(x) = \frac{1}{\sqrt{2\pi\delta_x^2}} e^{\frac{-(x-\mu_x)^2}{2\delta_x^2}} \tag{2.12}$$

e, de forma semelhante, o PDF de Y é [39], eq. (3.13)

$$f_Y(y) = \frac{1}{\sqrt{2\pi\delta_y^2}} e^{\frac{-(y-\mu_y)^2}{2\delta_y^2}} \tag{2.13}$$

O *PDF* de Z , que é $Z = X + Y$, torna-se [39], eq. (3.14)

$$f_Z(z) = f_X(x) * f_Y(y)$$

$$= \int_{-\infty}^{\infty} f_X(x).f_Y(z-x)dx$$

$$= \int_{-\infty}^{\infty} \frac{1}{\sqrt{2\pi\delta_x^2}} e^{\frac{-(x-\mu_x)^2}{2\delta_x^2}} \cdot \frac{1}{\sqrt{2\pi\delta_y^2}} e^{\frac{-(z-x-\mu_y)^2}{2\delta_y^2}} dx \qquad (2.14)$$

$$f_z(z) = \frac{1}{\sqrt{2\pi(\delta_x + \delta_y)}} exp\left[\frac{-\left(z - (\mu_x + \mu_y)\right)^2}{2(\delta_x^2 + \delta_y^2)}\right] \qquad (2.15)$$

Esta derivação mostra que se X e Y são caravanas Gaussianas independentes distribuídas de tal forma que [39], eq. (3,16) e (3,17)

$$X \sim N(\mu_x, \delta_x^2) \qquad (2.16)$$

$$Y \sim N(\mu_y, \delta_y^2) \qquad (2.17)$$

depois Z que é uma soma de X e Y , $Z = X + Y$ é distribuído como[39], eq. (3.18)

$$Z \sim N(\mu_x + \mu_y, \delta_x^2 + \delta_y^2) \qquad (2.18)$$

2.3.7 Teorema do Limite Central

O Teorema do Limite Central é definido como uma soma de n independente, distribuída de forma idêntica *IID RV's* pode ser aproximada como uma distribuição normal quando há um grande número de *RV's* e a contribuição para cada um deles é pequena em comparação com o total [39].

2.4 Derivação da Métrica de Desempenho para Detecção de Energia

A precisão da informação sobre a disponibilidade espectral é determinada por factores de qualidade de detecção. Estes factores são constituídos pela métrica de desempenho. O desempenho do detector de energia é descrito pelas seguintes métricas gerais:

- A probabilidade de detecção, (P_D)
- A probabilidade de falso alarme, (P_{FA})
- A probabilidade de detecção falhada, (P_M)

Em espectro oportunista, a detecção do P_D especifica que um detector toma a verdadeira decisão de que um determinado canal é ocupado pelo PU (H_1). Daí, um grande P_D denota uma detecção exacta; o que se traduz numa pequena probabilidade de colisão com o utilizador licenciado. Um falso evento de alarme ocorre quando o detector assume a presença de PU (H_1) no entanto, o facto é a ausência do PU (H_0). Tecnicamente, este evento é um evento especificado como P_{FA}. Este evento impede a SU de utilizar o espectro livre disponível, ou seja, a oportunidade perdida.a fim de evitar a subutilização P_{FA} deve ser mantido o mínimo possível. A decisão de ED pode ser modelada como:

$$R(t) = \begin{cases} w(t) & : PU\ Absent(H_0) \\ s(t) + w(t) & : PU\ present(H_1) \end{cases}$$

(2.19)

onde R(t) é o sinal recebido pelo utilizador do CR, $s(t)$ é o sinal transmitido pelo PU, $w(t)$ é o ruído introduzido pela AWGN. H_0 descrever a hipótese nula quando não existe PU e H_1 indica a presença de PU. Quando o sinal recebido no CR é apenas ruído médio zero Gaussiano distribuído, a estatística de decisão Y segue a distribuição quadrada central do chi com $2TW$ (duas vezes de produto de largura de banda temporal) graus de liberdade. Por outro lado, quando o sinal recebido é composto pelo sinal e ruído de PU, Y segue uma distribuição não central do qui-quadrado com $2TW$ graus de liberdade e parâmetros não centrais 2γ .Onde γ é a relação sinal-ruído (SNR) na escala linear .E a estatística de teste Y é dada por [40]

$$Y \sim \begin{cases} x_{2TW}^2 & , H_0 \\ x_{2TW}^2(2\gamma) & , H_1 \end{cases}$$

(2.20)

A função de densidade de probabilidade (PDF) da estatística do teste Y da equação 3.20 pode então ser escrita

como se mostra na equação 3.21 [40]:

$$f_y(y) = \begin{cases} \dfrac{1}{2^{TW}\Gamma(TW)} y^{TW-1} e^{\frac{-y}{2}} & , H_0 \\ \dfrac{1}{2}\left(\dfrac{y}{2\gamma}\right)^{\frac{TW-1}{2}} e^{\frac{-(2\gamma+\gamma)}{2}} I_{TW-1}(\sqrt{2\gamma y}) & , H_1 \end{cases}$$

(2.21)

Onde $\Gamma(.)$ é a função gama e é o $x^{th} - crder$ modificado funções de Bessel do primeiro tipo. A probabilidade de detecção P_D e falso alarme P_{FA} são então dadas da seguinte forma [40].

$$P_D = P(Y > \lambda|H_1) = \mathbb{Q}_{N=TW}(\sqrt{2\gamma}, \sqrt{\lambda})$$

(2.22)

$$P_{FA} = P(Y > \lambda|H_0) = \frac{\Gamma\left(TW, \frac{\lambda}{2}\right)}{\Gamma(TW)}$$

(2.23)

(1)

Pelo teorema do limite central, a distribuição das estatísticas dos testes T pode ser aproximada à distribuição normal quando consideramos um tamanho de amostra N suficientemente grande. [40].

$$Y \sim \begin{cases} N(\mu_0, \delta_0^2) & , H_0 \\ N(\mu_1, \delta_1^2) & , H_1 \end{cases} \tag{2.24}$$

onde, $N(\mu, \delta^2)$ é a distribuição gaussiana com média μ e variância δ^2 e para o modelo de sistema dado acima a média e variância para ambas as hipóteses H_0 e H_1 são dadas por:

$$\mu_0 = N\delta_n^2 \quad , \delta_0 = 2N\delta_n^4 \tag{2.25}$$

$$\mu_1 = N(\delta_s^2 + \delta_n^2) \quad , \quad \delta_1^2 = 2N(\delta_s^2 + \delta_n^2)^2 \tag{2.26}$$

Então a probabilidade de detecção e falso alarme para grande valor de N poderia ser calculada através da substituição da equação 3,25 e 3,26 pela equação 3,24 e dada como:

$$P_D = \mathbb{Q}\left(\frac{\lambda - N(\delta_s^2 + \delta_n^2)}{\sqrt{2N(\delta_s^2 + \delta_n^2)}}\right) = \mathbb{Q}\left(\frac{\lambda - N(1 + \gamma)\delta_n^2}{\sqrt{2N(1 + 2\gamma)\delta_n^4}}\right) \tag{2.27}$$

$$P_{FA} = \mathbb{Q}\left(\frac{\lambda - N\delta_n^2}{\sqrt{2N\delta_n^4}}\right) \tag{2.28}$$

$$\lambda = \mathbb{Q}^{-1}(P_f)\sqrt{2N}\delta_n^2 + N\delta_n^2 \tag{2.29}$$

Considerando um grande número de amostras, podemos alcançar a Probabilidade de Detecção desejada e a probabilidade de falso alarme ao mesmo tempo. O número mínimo de amostras necessárias, que é uma função da relação sinal/ruído $\gamma = \dfrac{\delta_s^2}{\delta_n^2}$, é avaliado por [40]

$$N = 2\left[(\mathbb{Q}^{-1}(P_{FA}) - \mathbb{Q}^{-1}(P_D))\gamma^{-1} - \mathbb{Q}^{-1}(P_D)\right]^2 \tag{2.30}$$

2.4.1 Detecção Cooperativa de Espectro para AND-Fusão e OR-Fusão
2.4.1.1 E-Fusão

Nesta regra, tendo N SU's, o FC só decidiu a disponibilidade do PU quando todas as decisões locais tomadas pelos SU's enviadas ao decisor são uma só, a decisão final tomada pelo decisor é uma só. A decisão do centro de fusão é calculada pela lógica E das estatísticas de decisão difíceis recebidas[41].

$$P_{D,AND} = P_{D,i}^{N} \qquad (2.31)$$

2.4.1.2 OR-Fusão

Nesta regra, tendo N SU's, a CAF só decide a disponibilidade do PU, se qualquer um dos CR tomar uma decisão lógica, então a decisão final tomada pelo responsável pela CAF é uma[41].

$$P_{D,OR} = 1 - \left(1 - P_{D,i}^{N}\right) \qquad (2.32)$$

2.4.2 Detecção de Espectro em Duas Etapas

O principal objectivo da implementação da detecção do espectro em duas fases é melhorar a probabilidade de detecção de PU através da combinação de Dois Algoritmos. Isto é implementado através da composição de uma detecção grosseira também chamada primeira fase e fase fina, ou seja, segunda fase. O melhoramento da detecção é encontrado quando a primeira fase não detecta, outra fase fina é executada para verificar o resultado da primeira fase. A detecção de espectro em duas fases é implementada como se mostra a seguir.

below.

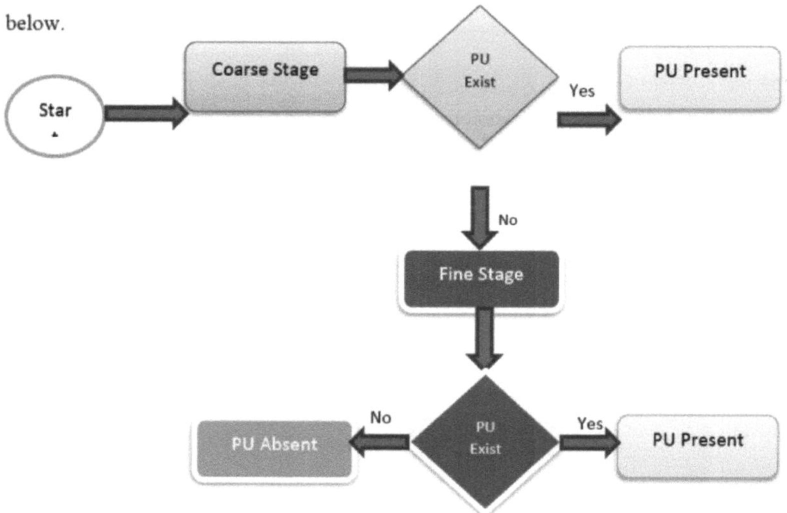

Figura 2-1 Detecção de Espectro em Duas Etapas[42]

Probabilidade de detecção para Sensores de Espectro de Duas Etapas é dada pela eqn. (3.33)

$$P_D^{Two\ Stage} = P_D^{Coarse\ Stage} + \left(1 - P_D^{Coarse\ stage}\right)P_D^{Fine\ Stage} \qquad (2.33)$$

2.4.3 Denoising com base em DWT

Matematicamente, as Wavelets não são mais do que funções que decompõem o sinal original em componentes de alta e baixa frequência. Existem diferentes ondas pequenas (também conhecidas como ondas-mãe) que podem ser utilizadas para a implementação da Transformada Wavelet (WT), como Haar, Symlet. Uma família de base wavelet $\psi_{u,s}(n)$ é gerada pela tradução e escalonamento das ondas-mãe[43]:

$$\psi_{u,s}(n) = \frac{1}{\sqrt{s}}\psi\left(\frac{n-u}{s}\right) \qquad (2.34)$$

Os coeficientes wavelet são calculados para medir a semelhança do conteúdo de frequência entre um sinal e uma função wavelet seleccionada. Estes coeficientes são calculados como uma convolução do sinal na função wavelet em escala. DWT do sinal de entrada $x(n)$ é expressa por

$$DWT(u,s) = \frac{1}{\sqrt{s}} \sum_n x(n)\psi\left(\frac{n-u}{s}\right)$$

(2.35)

Onde n representa o número discreto. p e q são os parâmetros de escala e tradução respectivamente, enquanto ψ denotam a onda mãe. Assim, a detecção da corrupção dentro do sinal e a sua eliminação torna-se um processo relativamente fácil. A desnaturação discreta do wavelet (DWT) contém três procedimentos: transformação do sinal para o domínio do wavelet, redução dos coeficientes do wavelet, e transformação inversa para o domínio nativo.

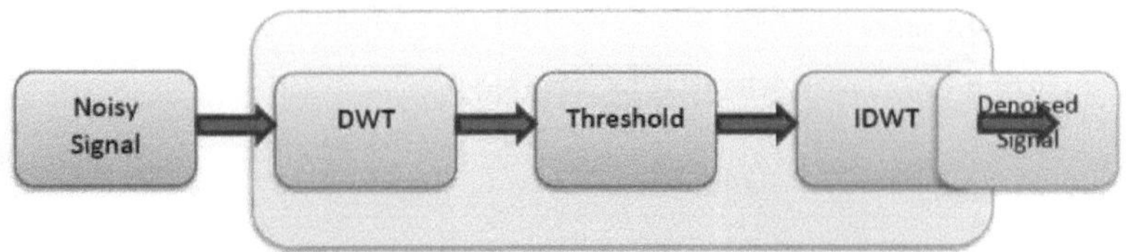

Figura 2-2 Passos de Denoising baseados em DWT[28]

2.4.4 Limiar de ondulação

Após uma Decomposição Wavelet com uma onda mãe especificada, o sinal dado é decomposto em baixa frequência (coeficientes de aproximação) e componente de alta frequência (coeficientes de detalhe). Um processo de denoising é implementado através da aplicação de um limiar de wavelet para separar o coeficiente de aproximação do coeficiente de detalhe. Um coeficiente wavelet com um valor superior ao limiar wavelet considerado como parte do sinal, um coeficiente wavelet que é inferior ao limiar é assumido como parte do ruído. O limiar universal é dado por [43]

$$t = \delta\sqrt{2lnN}$$

(2.36)

Onde N é o comprimento da amostra de dados, δ é o desvio padrão do ruído. Praticamente δ é desconhecido, para este caso pode ser estimado utilizando a primeira parte de detalhe do coeficiente wavelet como, s

$$s \approx \frac{median(|\chi_i|)}{0.6745}$$

(2.37)

Onde χ_i é a primeira parte de detalhe do coeficiente wavelet.

2.4.5 Selecção da função limiar

Na transformação wavelet temos dois tipos de selecção de limiar que afectarão o valor do coeficiente wavelet quando este estiver abaixo ou acima do valor do limiar[43].

2.4.5.1 Limiar difícil

No caso de limiar duro, os coeficientes das ondas com valor inferior ao limiar são zerados e permanecem inalterados se forem superiores ao limiar[43].

$$x_i^* = \begin{cases} 0 & , if\, |x_i| \leq t \\ x_i & , if\, |x_i| > t \end{cases} \tag{2.38}$$

2.4.5.2 Limiar suave

A função de limiar suave é definida como em[43].

$$x_i^* = \begin{cases} 0 & , if\, |x_i| \leq t \\ sign(x_i)(|x_i| - t) & , if\, |x_i| > t \end{cases} \tag{2.39}$$

2.4.6 Métricas de desempenho de denoising

A selecção da melhor onda mãe do DWT não pode ser identificada visualmente. Para tais fins, a comparação é realizada com base no valor SNR após denoising e erro quadrático médio (MSE).

2.4.6.1 Erro médio quadrático (MSE)

O MSE é utilizado como métrica de desempenho para mostrar a precisão da denoising. Quanto mais baixo for o valor, o sinal denotado está mais próximo ou muito semelhante ao sinal original. Deixar $x(n)$ ser o sinal original e $x(n)'$ representam o sinal denotado, MSE é dado como:

$$MSE = \frac{1}{N} \sum_{n=1}^{N} (x(n) - x(n)')^2 \tag{2.40}$$

2.4.6.2 Relação sinal/ruído (SNR)

Valores mais elevados de SNR mostram como o melhor desempenho do resultado da denoising. Eqn.3.32 foi utilizado para calcular o SNR após o processo de denoising [43].

$$SNR_{dB} = 10log_{10} \frac{\sum_{n=1}^{N} x(n)^2}{\sum_{n=1}^{N} \left(x(n) - x(n)'\right)^2} \tag{2.41}$$

Onde n representam o número da amostra, $n = 1,2,3...., N$.

2.4.7 Concepção do sistema

2.4.7.1 ED baseado em Denoising de um único estágio

O desempenho da ED convencional é analisado adicionando a denoising prévia antes da ED. O desempenho de diferentes ondas-mãe é comparado em termos de P_D, P_{FA} e P_M.onde γ^* é o novo SNR do sinal PU após o denoising.

$$P_D = \mathbb{Q}\left(\frac{\lambda - N(1 + \gamma^*)\delta_n^2}{\sqrt{2N(1 + 2\gamma^*)\delta_n^4}}\right) \tag{2.42}$$

$$\lambda = \mathbb{Q}^{-1}(P_{FA})\sqrt{2N}\delta_n^2 + N\delta_n^2 \tag{2.43}$$

2.4.7.2 Diagrama de fluxo para Denoising de Ondas de Estágio Único (WD) baseado em ED

O fluxograma para ED de fase única com diferentes algoritmos de denoising é apresentado abaixo. Para o desnivelamento por desnivelamento com base em wavelet de fase única, um método prévio de desnivelamento com base em wavelet é implementado através da utilização de diferentes ondas-mãe antes do desnivelamento por desnivelamento.

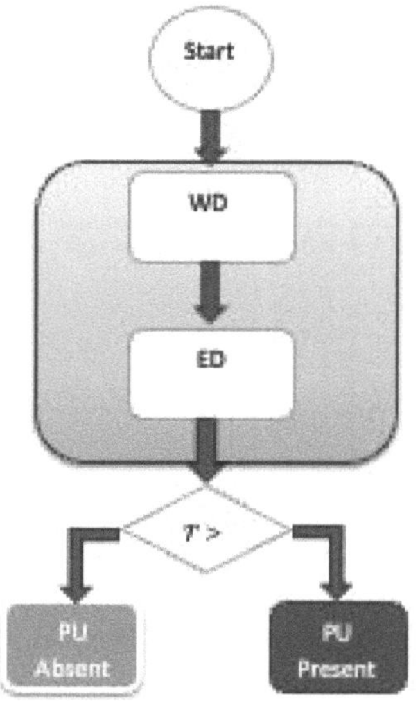

Figura 2-3 ED com base em Denoising de uma única fase

2.4.7.3 Proposta de detecção de espectro em duas fases com DWT

$$P_D^{Two\ Stage} = P_D^{first\ stage} + \left(1 - P_D^{first\ stage}\right)P_D^{second\ stage} \qquad (2.44)$$

$$P_D^{Two\ Stage} = P_D^{ED} + P_D^{DWT\_ED} \qquad (2.45)$$

$$P_D^{Two\ Stage} = \mathbb{Q}\left(\frac{\lambda - N(1 + \gamma)\delta_n^2}{\sqrt{2N(1 + 2\gamma)\delta_n^4}}\right) + \mathbb{Q}\left(\frac{\lambda - N(1 + \gamma^*)\delta_n^2}{\sqrt{2N(1 + 2\gamma^*)\delta_n^4}}\right) \qquad (2.46)$$

$$\lambda = \mathbb{Q}^{-1}(P_D)\sqrt{2N}\delta_n^2 + N\delta_n^2 \qquad (2.47)$$

2.4.7.4 Fluxograma para ED baseado em duas fases de Denoising de Ondas

A fim de melhorar o desempenho de ED de um único estágio, é desenvolvida uma ED baseada em dois estágios de denoising wavelet, utilizando a melhor wavelet mãe que dá um bom resultado em ED baseada em um único estágio de denoising wavelet. O fluxograma para a detecção de energia em dois estádios com o melhor wavelet de denoising retratado abaixo.

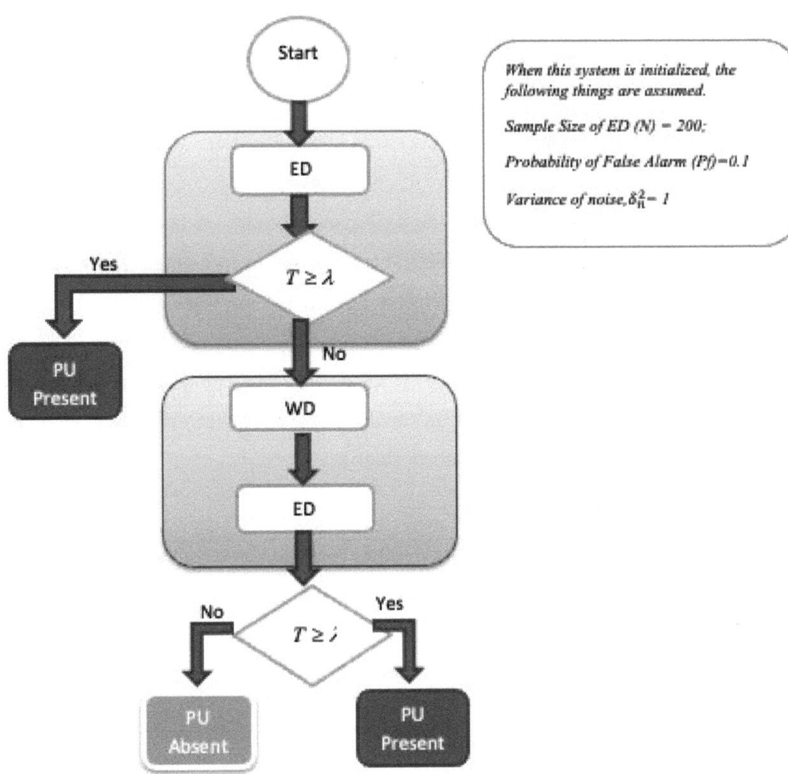

Figura 2-4 ED baseado em duas fases de Denoising de Wavelet

CAPÍTULO QUATRO

3 RESULTADOS E DISCUSSÃO

Neste capítulo são apresentados os resultados da simulação deste trabalho de tese. São apresentados os resultados da simulação e discussões sobre os desempenhos do CED, ED baseado em DWT incluindo, a comparação do desempenho entre as famílias wavelet e os detectores cooperativos sob o canal AWGN. Finalmente, são apresentados os resultados da simulação e discussões sobre o Detector de Energia de Duas Etapas. Todos os trabalhos de simulação são realizados com a consideração da probabilidade de detecção necessária de 90%, probabilidade de falso alarme de 10% e probabilidade de detecção de erro de 10%. Alguns dos parâmetros de simulação para avaliação do desempenho do detector de espectro estão listados na tabela abaixo.

Quadro 3-1 Parâmetros de Simulação

Nã o	Parâmetro de simulação	Tipo e Valor	Observação
1	Sinal primário do utilizador	QPSK	
2	Ruído	AWGN	
3	Canal	AWGN	
4	Probabilidade de Detecção	0.9	$P_D \geq 0{,}9$ (baseado em IEEE 802,22)
5	Probabilidade de falso alarme	0.1 e abaixo	$P_{FA} \leq 0.1$ (baseado em IEEE 802.22)
6	Gama SNR	-20dB a 5dB	
7	Rede Cooperativa	Fusão do centro - AND Rule, OR Rule	
8	Número de utilizadores para CSS	1,2,3,4	
9	Variação de Ruído(δ_n^2)	1	Assunção

| 10 | Tipos de Wavelet | Haar, BiorSplines, Coiflets ReverseBior, Fejer-Korovkin, Daubechies | haar, bior2.4, coif2 , rbio1.2, fk4, db2 |
| 11 | Limiar e nível de decomposição | Limiar Duro,3 | |

3.1 Resultados da simulação e discussão para o Detector de Energia Convencional

A fim de avaliar o desempenho do algoritmo do Detector de Energia Convencional (DEC), são tidas em conta diferentes métricas de desempenho, tais como Probabilidade de Detecção, Probabilidade de Falso Alarme, Probabilidade de Falta de Detecção, Características Operacionais do Receptor (ROC) e Características Operacionais do Receptor Complementar (CROC).

3.1.1 Comparação do Desempenho de Detecção sobre Varying SNR

O resultado da simulação mostrado na Figura.4-1 apresenta a Probabilidade de Detecção da variação da Taxa de Sinal/Ruído de um único utilizador para os valores limiares definidos com base na probabilidade de falso alarme utilizando a Taxa de Falso Alarme Constante (CFAR) e a variação do ruído. Os resultados são tomados para SNR variam de forma -20dB a 5 dB com incremento de 1dB para imitar uma condição de SNR baixa e ao definir a probabilidade de falso alarme para 0,1 que é o máximo permitido de acordo com a norma IEEE 802.22 e são tidos em conta 200 sinais amostrados.

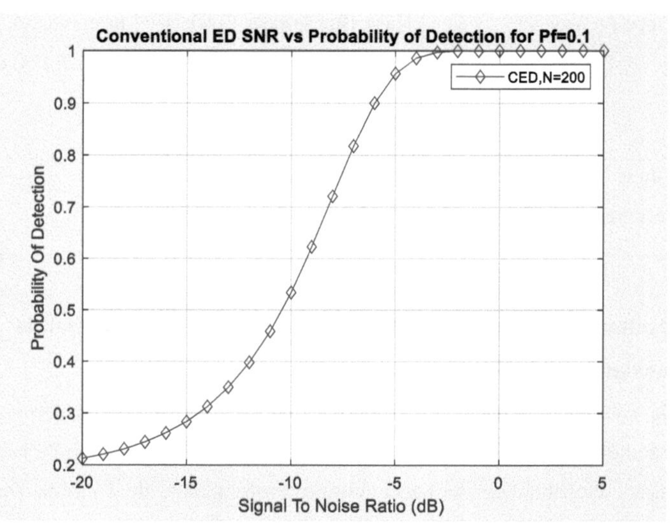

Figura 3-1 Probabilidade de detecção sobre SNR variável para ED (Pf=0,1 e N=200)

Como se mostra na figura acima, o CED tem um desempenho de detecção muito fraco com um SNR muito baixo. Por exemplo, para valores de SNR inferiores a -12dB, a probabilidade de detecção é inferior a 0,4. Apesar do facto de os valores de detecção com um SNR mais baixo serem muito baixos, particularmente para valores de SNR inferiores a -12dB, observa-se que quando o SNR aumenta e ultrapassa -6dB, a probabilidade de detecção está a melhorar e o CED atinge a Probabilidade de Detecção necessária que é de 0,9. Como se pode ver nas simulações, a Probabilidade de Detecção é directamente proporcional à Relação Sinal/Ruído. Uma vez que o resultado mostra a transição de -10dB para -5dB leva à melhoria do desempenho do detector de 0,534 para 0,9567.

Outra abordagem para ver como o SNR afecta o desempenho do CED é traçar a Probabilidade de Falso Alarme versus Probabilidade de Detecção, que é chamado gráfico ROC que fornece um meio preciso e quantitativo de avaliar a precisão do sistema. A Figura 4-2 mostra a precisão do CED a -17dB, -14dB e -6dB para o intervalo de probabilidade de falso alarme entre 0,01 a 1 com incremento de 0,01 e 200 tamanho da amostra. A área sob a curva (AUC) diminui à medida que o SNR diminui de -6 dB para -17 dB, como se espera na literatura. O resultado mostra que a uma dada probabilidade de falso alarme, o aumento do SNR aumentará a probabilidade de detecção. Por exemplo, a probabilidade de detecção para -17dB à probabilidade de falso alarme 0,1 é 0,4587, enquanto que é 0,9003 para -6dB. Isto mostra que apenas o SNR de -6dB atinge os valores necessários para a probabilidade de detecção e a probabilidade de falsos valores de alarme de acordo com a norma IEEE 802.22 WRAN.

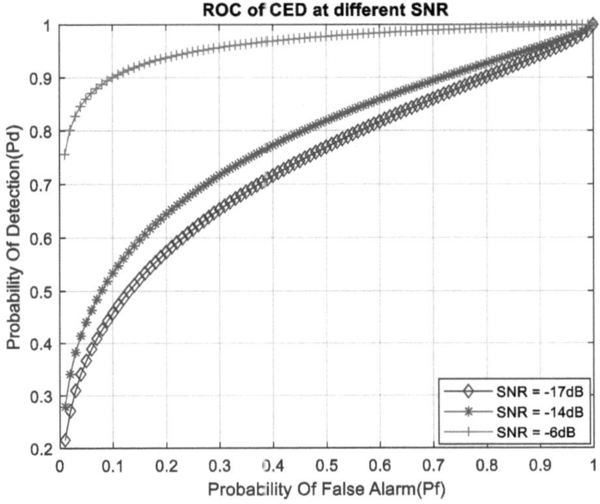

Figura 3-2 ROC de CED para SNR = -6dB, -14dB, -17dB , pf=0.1 e N=200

A Figura 4-3 mostra a relação entre Probabilidade de falso alarme e provavelmente de detecção de falhas descrita por CROC, para diferentes valores de SNR. A probabilidade de detecção de falhas deve ser minimizada e deve ser concedida protecção final ao utilizador primário, a fim de evitar a colisão. O resultado mostra que o aumento do SNR irá reduzir a falha de detecção do PU. Por exemplo, para uma dada probabilidade de falso alarme 0,1, a probabilidade de detecção de falhas para -17dB é de 0,6021 enquanto que para -6dB é de 0,0996.

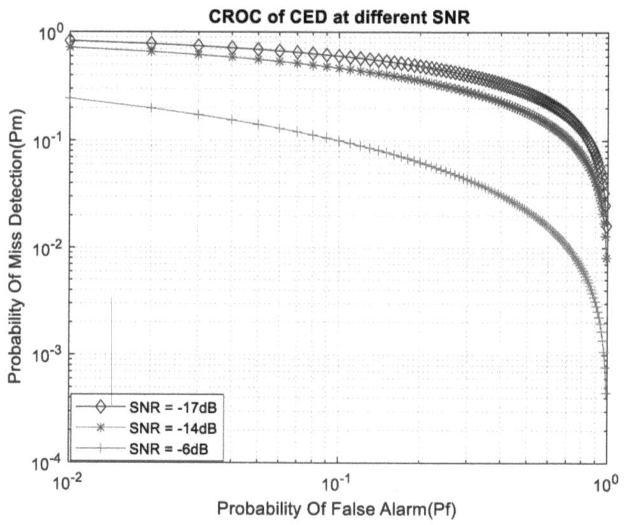

Figura 3-3 CROC de CED para SNR = -6dB, -14dB, -17dB e N=200

3.1.2 Comparação do Desempenho de Detecção sobre o Número Variável de Amostras

O desempenho do DEC também depende muito do Número de amostras. A figura 4-4 mostra o gráfico da intensidade do sinal (SNR = -25 dB a 5 dB) versus a probabilidade de detecção com tamanho de amostra variável (N = 200, 400, 600) tendo a probabilidade de falso alarme definida para 0,1. O gráfico mostra que o desempenho do DEC pode ser ainda melhorado com um número crescente de amostras, para além do SNR crescente. Por exemplo, a probabilidade de detecção a -20dB é de 0,2124,0,2245,0,234 para 200,400 e 600 tamanhos de amostras respectivamente. Isto também mostra que, mesmo com um baixo SNR a aumentar o número de amostras, a probabilidade de detecção aumentará. Contudo, o aumento do número de amostras nem sempre aumentará a probabilidade de detecção devido ao efeito de parede SNR.

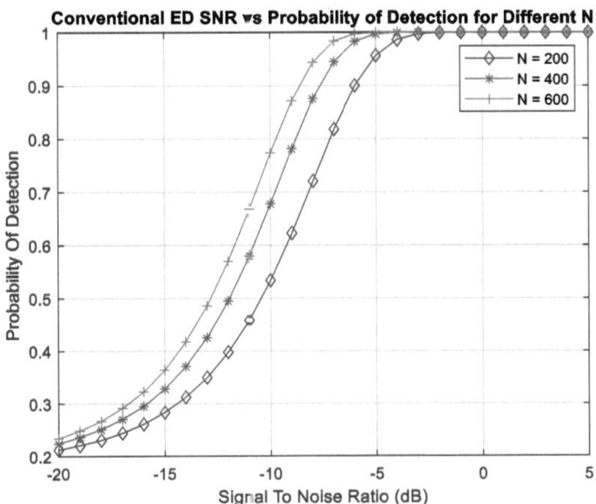

Figura 3-4 Probabilidade de detecção versus SNR de DEC para diferentes tamanhos de amostra (Pf=0,1 e N=200,400,600)

A figura 4-5 mostra os resultados para a métrica de desempenho do ROC do CED para diferentes números de amostras a -9dB. A uma dada probabilidade de falso alarme, a precisão do CDE pode ser aumentada aumentando o número de amostras. Por exemplo, a probabilidade de detecção é aumentada de 0,623 para 0,7813 e 0,901 com o aumento do número de amostras de 200 para 400 e 600 respectivamente a uma dada probabilidade de falso alarme, ou seja, 0,1. Pode-se notar que, apenas um tamanho de amostra de 600 atinge o padrão de IEEE 802,22 a uma dada SNR e probabilidade de falso alarme.

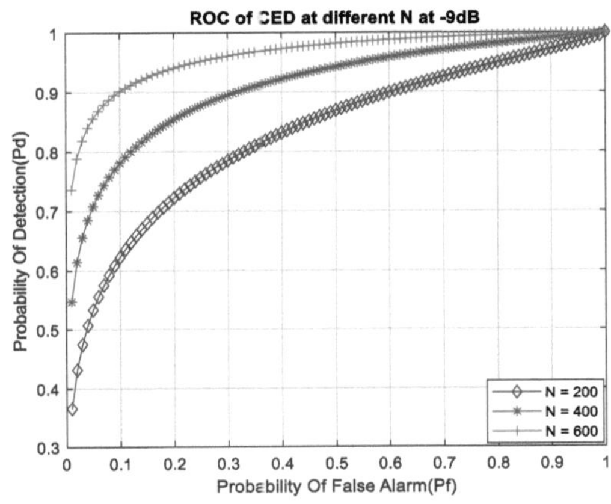

Figura 3-5 Gráfico ROC de CED para SNR = -9dB, N=200,400 e 600

A figura 4-6 mostra CROC de DEC para um número diferente de amostras de tamanho. A uma dada probabilidade de falso alarme e SNR, a probabilidade de detecção de falhas é diminuída com o aumento do número de amostras de detecção. Por exemplo, a probabilidade de detecção de falhas é reduzida de 0,377 para 0,2187 e 0,0990, quando o número de amostras aumentou de 200.400 e 600, respectivamente. Isto também pode ser explicado uma vez que, aumentando o número de amostras de 200 para 600, reduziu a probabilidade de detecção de falhas em 97,37%.

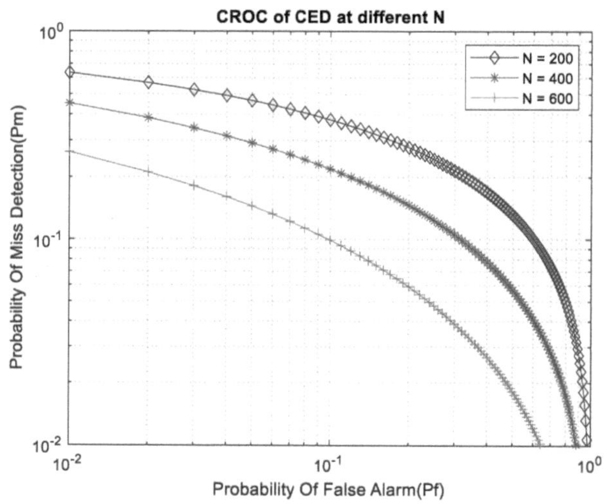

Figura 3-6 Gráfico CROC de CED para SNR= -9dB, N=200,400 e 600

3.1.3 Efeito da Probabilidade de Falso Alarme na Probabilidade de Detecção

A figura 4-7 mostra um gráfico de probabilidade de detecção versus SNR, com várias probabilidades de falsos alarmes dados a 0,01,0,1 e 0,2. Aumentar a probabilidade de falso alarme aumentará a probabilidade de detecção, mas degrada a eficiência do CR, uma vez que gera tantos relatórios falsos quando na realidade o PU não está presente. O resultado do gráfico mostra que o aumento da probabilidade de falso alarme aumenta a probabilidade de detecção. Por exemplo, um dado SNR de -20dB e probabilidade de falso alarme,0,1 tem uma probabilidade de detecção de 0,212, enquanto que é de 0,265 para a probabilidade de falso alarme de 0,15. A duplicação da probabilidade de falso alarme para 0,2, aumenta ainda mais a probabilidade de detecção para 0,312.

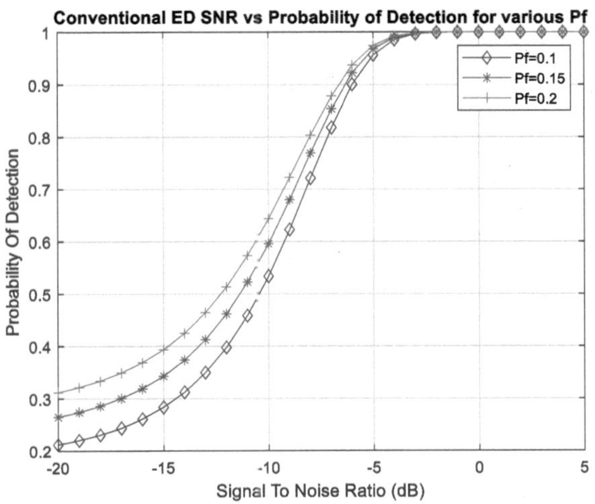

Figura 3-7 Probabilidade de detecção versus SNR do CED para diferentes valores Pf=0,1 ,0,15, 0,2, N=200

3.2 Detecção Cooperativa

Nesta secção, é apresentado um resultado de simulação para DEC de base cooperativa. A figura 4-8 mostra a trama de SNR versus probabilidade de detecção de DEC de nó único e detecção cooperativa para esquema de fusão "OR" e "AND". A trama é gerada com 6 números de utilizadores cooperativos sob ambos os esquemas. A partir desta figura, a regra OR-Fusão mostra um melhor desempenho em comparação com a regra de DEC e AND-Fusão. Isto deve-se ao facto de a regra OR-Fusion exigir pelo menos um utilizador dos nós K CR para anunciar a existência ou ausência de um PU. No entanto, a regra AND-Fusion exige que todos os utilizadores devem concordar sobre a existência de PU's para poderem tomar uma decisão. A tabela 4-2 mostra a comparação da detecção cooperativa e da detecção de nó único a -10dB.

Quadro 3-2 Comparações de desempenho de DEC cooperativo sob AND/OR fusão para SNR = -10dB, Pf=0.1,N=200 e NU=6

Métricas de desempenho	CED	OR-FUSÃO	E-FUSÃO
P_D	0.534	0.9898	0.0231
Ganho sobre ED convencional		+85.3%	-95.6%

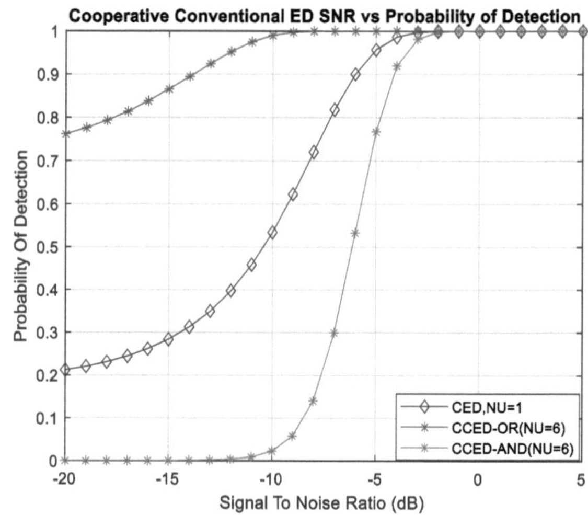

Figura 3-8 Probabilidade de detecção versus SNR de DEC cooperativo sob AND/OR fusão para Pf=0,1,N=200 e NU=6

3.2.1 Efeito do Número de Utilizadores (NU) na Detecção Cooperativa de Energia Convencional

A figura 4-9 demonstra o número de efeitos do utilizador na probabilidade de detecção para a detecção cooperativa do espectro no caso da OR-Fusão e AND-Fusão. A probabilidade de detecção depende muito do número de utilizadores cooperantes para além da regra utilizada na CAF. Quando o número de utilizador cooperativo é 1, ambos os esquemas cooperativos convergem para a detecção de um único nó que é o DEC. O gráfico mostra quando um número diferente de utilizadores coopera a uma dada probabilidade de falso alarme,0,1, e tamanho da amostra de 200 com AND-Fusion e OR-Fusion. O desempenho de detecção diferente é observado quando o número de utilizadores varia entre 1,2,3 e 4.

Quadro 3-3 Comparação do desempenho de detecção de DEC Cooperativa para SNR = -15dB, Pf=0,1, N=200, NU=1,2,3,4

Número de utilizadores (NU)	1	2	3	4
$CED_{OR-Fusion}$	**0.2837**	0.4869	0.6325	0.7367
$CED_{AND-Fusion}$	**0.2837**	0.0804	0.0228	0.0064
Ganho por $CED_{OR-Fusion}$	-	+71.62%	+122.9%	+159.6%

Perda por $CED_{AND-Fusion}$	-	-71.66%	-91.63%	-97.74%

O quadro 4-3 mostra a comparação da detecção cooperativa a -15dB. O resultado mostra que um número crescente de utilizadores cooperativos melhora muito o desempenho de detecção da OR-Fusão, por outro lado, o desempenho da AND-Fusão deteriora-se muito. Por exemplo, para uma dada probabilidade de falso alarme e SNR ,0.1, e -15dB respectivamente quando 3 utilizadores cooperativos com OR-Fusion, a probabilidade de detecção é de 0.632 e quando estes são combinados com AND-Fusion a probabilidade de detecção diminui para 0.022. Isto mostra que o desempenho de detecção do AND-Fusion é reduzido em 91,63% quando comparado com o CED. Por outro lado, o desempenho de detecção de AND-Fusion é melhor do que o CED em 122,9%.

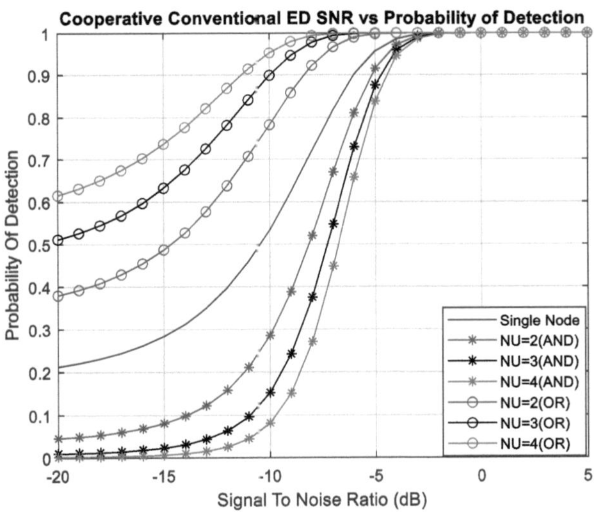

Figura 3-9 Probabilidade de detecção versus SNR de DEC cooperativo sob AND/OR fusão para Pf=0,1,N=100 e NU=1,2,3,4

Da figura acima pode-se notar que o aumento do número de utilizadores participantes no caso de OR-Fusion aumenta a probabilidade de detecção mesmo com um baixo SNR. Contudo, no caso de AND-Fusion, um número crescente de utilizadores cooperativos diminuirá o desempenho da detecção porque todos os utilizadores cooperativos têm de concordar com a presença do PU, o que pode ser difícil de conseguir uma vez que alguns dos utilizadores cooperativos não conseguem detectar devido a um baixo SNR.

A figura 4-10 mostra a curva ROC para detecção cooperativa quando o número de utilizadores é 4 e assumindo que todos os utilizadores recebem em média -10dB de sinal. Pode-se notar que o número crescente de utilizadores cooperantes para fusões OR aumenta grandemente a probabilidade de detecção. No entanto, o desempenho da fusão AND diminui com o aumento do número de utilizadores cooperantes.

Quadro 3-4 Comparações ROC de DEC cooperativa para SNR = -10dB, Pf=0,1, N=200 e NU=1,2,3,4

Número de utilizadores(NU)	1	2	3	4
$P_D(OR - Fusion)$	**0.326**	0.5457	0.6938	0.7936
$P_D(AND - Fusion)$	**0.326**	0.1063	0.0346	0.0112
Ganho por OR-Fusão	-	+67.39%	+112.8%	143.43%
Perda por AND-Fusion	-	-67.39%	-89.38%	-96.56%

A tabela 4-4 mostra que a comparação de desempenho OR-Fusion com AND-Fusion a uma dada probabilidade de falso alarme e SNR de 0.1 e -10dB, respectivamente.

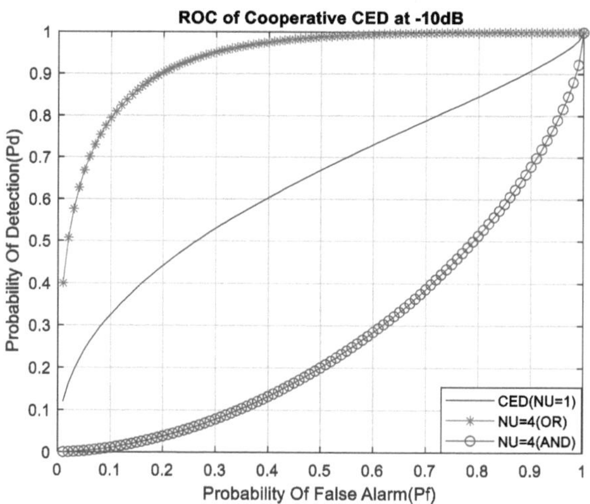

Figura 3-10 Gráfico ROC da cooperativa CED para SNR= -10dB , N=200 e NU=4

A figura 4-11 mostra o CROC da cooperativa de DEC sob a regra OR-Fusão e AND-Fusão. O resultado mostra que a probabilidade de faltar o utilizador primário é menor utilizando OR-Fusão em vez de AND-Fusão. Além disso, o número de utilizadores na rede cooperativa tem também um grande impacto para o desempenho. No caso da OR-Fusion, o aumento do número de utilizadores irá diminuir grandemente a probabilidade de detecção de falhas, por outro lado, o aumento dos utilizadores cooperativos irá deteriorar o desempenho da detecção em AND-Fusion.

A tabela 4-5 mostra o efeito do número crescente de utilizadores na probabilidade de detecção de falhas. Como o resultado mostra, o desempenho do utilizador licenciado em falta é aumentado de 0,446 para 0,9187 para a cooperativa AND-Fusion. No entanto, a probabilidade de faltar é reduzida de 0,466 para 0,0471 para o esquema OR-fusion. Mais especificamente, para 3 utilizadores cooperantes, AND-Fusion aumenta a probabilidade de faltar o utilizador licenciado em 81,90% enquanto OR-Fusion reduz a probabilidade de faltar em 78,28% quando comparado com o CED.

Quadro 3-5 Comparação CROC de DEC Cooperativa para SNR = -10dB, Pf=0,1, N=200, NU=1,2,3,4

Número de utilizadores (NU)	1	2	3	4
$P_m(OR - Fusion)$	**0.466**	0 2172	0.1012	0.0471
$P_m(AND - Fusion)$	**0.466**	0 7194	0.8477	0.9187
Ganho por OR-Fusão	-	-53.39%	-78.28%	-89.89%
Perda por AND-Fusion	-	+54.37%	+81.90%	+97.14%

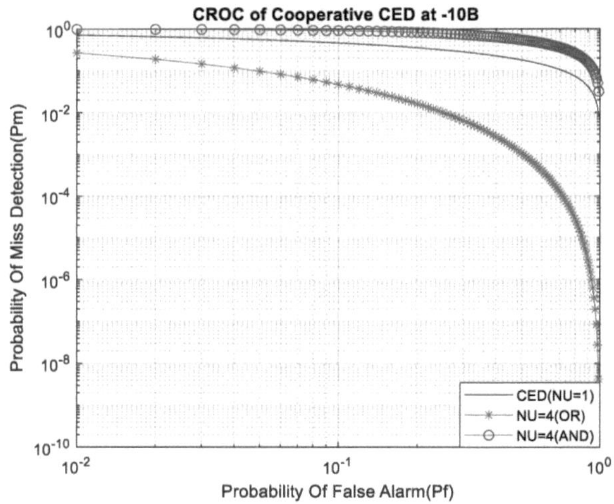

Figura 3-11Gráfico CROC da Cooperativa CED sob AND/OR fusão para SNR=-10dB,N=200,NU=4

3.3 Denoising of Performance Comparison of Wavelet Families

A figura 4-13 mostra a relação entre SNR de entrada e SNR de saída do sinal recebido. O sinal recebido SNR antes do denoising é chamado SNR de entrada, por outro lado, o sinal de saída após o denoising tem um melhoramento no SNR chamado SNR de saída. Uma boa capacidade de denoising pode ser expressa, para um dado SNR de entrada, que dá um SNR de saída elevado, RMSE mínimo. O gráfico mostra a relação SNR de saída de entrada para diferentes famílias de wavelet para na gama de -20dB a -10dB.pode-se notar que a -17dB do sinal de entrada, o ReverseBior supera outras famílias de wavelet com resultados comparáveis com Daubechies. Por exemplo, temos SNR de saída de -14.0193dB com ReverseBior e -14.03291dB com Daubechies wavelet para a entrada SNR de -17dB. Podemos ver usando o wavelet ReverseBior temos um ganho SNR de 2,9807dB quando comparado com o SNR de entrada. Por outro lado, ao utilizar o wavelet Daubechies SNR ganho de 2,9671dB é encontrado, o que é ligeiramente pequeno quando comparado com o wavelet ReverseBior. Comparando as duas wavelets, descobrimos que a wavelet ReverseBior tem um desempenho superior à daubechies em 0,0136 dB de melhoria.

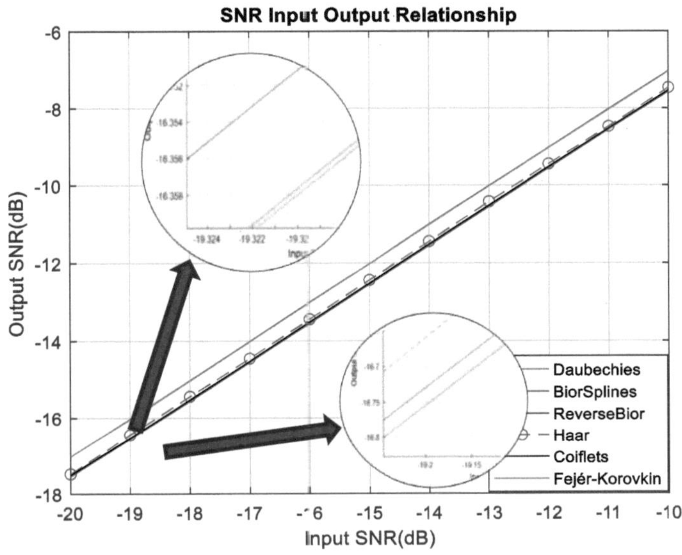

Figura 3-12 Relação SNR de entrada e SNR de saída

Tabela 4-7 A Tabela 1 mostra a comparação de diferentes famílias de wavelet com capacidades de denoising em termos de MSE, SNR de saída e ganho SNR de cada denoising começando por -20dB.Uma comparação detalhada do formulário SNR de entrada de saída -20dB a -15dB com incremento de 1dB é dada no Apêndice. A diferença entre SNR de entrada e SNR de saída é representada como ganho de SNR. O resultado mostra que o desempenho de denoising do wavelet ReverseBior é óptimo em comparação com outros. Por exemplo, numa dada entrada SNR de -20dB, o denoising do sinal por ReverseBior melhora o sinal de entrada SNR em 14,8737% e o novo SNR torna-se -17,0254dB, onde como se usássemos o wavelet Daubechies, é encontrado um melhoramento de 14,8705% dando um novo valor SNR de -17,0259dB. Também se pode notar que o desempenho do ReverseBior, Daubechies e Fejer-Korovkin são comparáveis. Por outro lado, apesar do facto de terem um baixo ganho SNR em comparação com outros Haar, Coiflets e BiorSplines wavelet têm um ganho SNR comparável. A fim de aumentar a probabilidade de detecção de CDE na região com baixo ganho de SNR, o wavelet com alto ganho de SNR é um candidato. Uma vez que a probabilidade de detecção de DEC está directamente relacionada com SNR.

Quadro 3-6 SNR relação de entrada Saída de diferentes ondas-mãe aplicadas para a denoising para SNR = -20dB

Entrada SNR(dB)	Família Wavelet	RMSE	Saída SNR(dB)	Ganho SNR(dB)	%Enhancement

-20	Haar	0.001974	-17.4845	2.5155	12.5775
	Daubechies	0.001783	-17.0259	2.9741	14.8705
	BiorSplines	0.002184	-17.5451	2.4549	12.2745
	ReverseBio r	**0.001591**	**-17.0254**	**2.9746**	**14.8737**
	Coiflets	0.002115	-17.5154	2.4846	12.4239
	Fejer-Korovkin	0.001880	-17.0263	2.9737	14.8685

3.4 Detector de Energia com Base em Ondas de Etapa Única de Avaliação de Desempenho

O resultado da simulação mostrado na Figura 4-14 demonstra a probabilidade de detecção versus SNR para ED baseado em wavelet, utilizando várias wavelets. Os resultados são tomados para SNR de forma variável -20dB a 5 dB com incremento de 1dB para imitar uma condição de SNR baixa e definindo a probabilidade de falso alarme para 0,1, que é o máximo permitido de acordo com as normas IEEE 802.22 e são tidos em conta 200 sinais amostrados. Podemos ver que o denoising prévio na extremidade frontal do ED melhorou o desempenho do sistema. Além disso, nota-se que cada wavelet resultou num melhor desempenho de detecção em relação ao DEC. Uma vez que a probabilidade de detecção está directamente relacionada com o SNR, um método de denoising que tem um elevado ganho de SNR supera os outros. Nesse caso, o wavelet ReverseBior alcançou o melhor desempenho de detecção em comparação com outros. Por exemplo, a uma dada probabilidade de falso alarme 0,1, e SNR de -15dB, a probabilidade de detecção alcançada por ReverseBior é de 0,3957 enquanto a probabilidade de detecção alcançada por Daubechies é de 0,3911, o que é quase comparável. Comparando este resultado com o DCE, a probabilidade de detecção por DCE é de 0,2837. Isto mostra que o desempenho do DEC é melhorado em 39,47% e 37,8% através da utilização de ReverseBior e Daubechies wavelet, respectivamente.

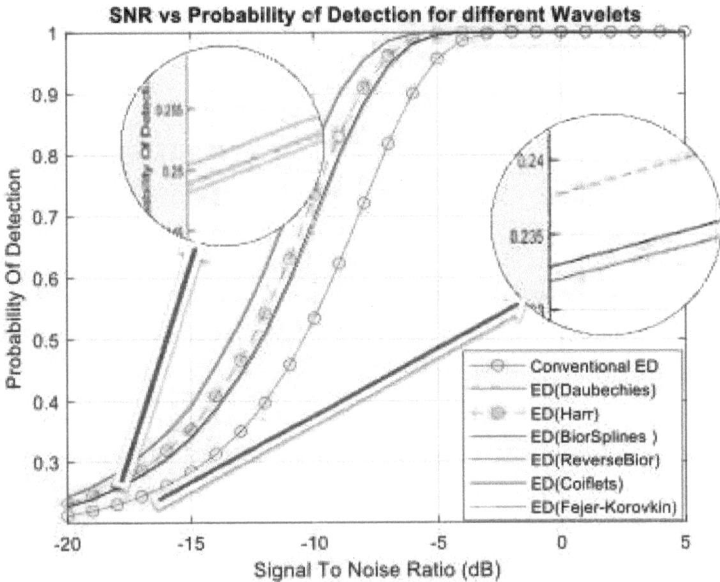

Figura 3-13 Probabilidade de Detecção versus SNR para ED baseado em Wavelet usando diferentes ondas-mãe para Pf=0,1,N=200

O quadro 4-7 mostra a comparação do desempenho das famílias wavelet em termos de probabilidade de detecção. O resultado mostra que o wavelet ReverseBior melhora a probabilidade de detecção em comparação com todos os outros wavelet comparados nesta tese. Uma comparação detalhada para cada wavelet mãe em termos de probabilidade de detecção a diferentes valores SNR é dada no Anexo.

Quadro 3-7 Probabilidade de comparação de detecção de ED baseado em wavelet por diferentes ondas-mãe para SNR = -20dB ,Pf=0.1, N=200

SNR(dB)	Detecção	P_D	Ganho(%)
-20	ED convencional	0.2124	-
	Haar	0.2330	9.698681733
	Daubechies	0.2430	14.40677966
	BiorSplines	0.2278	7.25047081

	ReverseBior	0.2446	**15.16007533**
	Coiflets	0.2286	7.627118644
	Fejer-Korovkin	0.2422	14.03013183

A figura 4-15 mostra a curva ROC para ED baseada em wavelet. O resultado mostra que o desempenho do CED é muito melhorado após a denoising e diferentes famílias de wavelet têm diferentes curvas ROC com base no seu ganho SNR. Pode-se notar que todos os detectores baseados em wavelet têm um desempenho superior ao CED a uma dada probabilidade de falso alarme e SNR e a área sob a curva (AUC) é aumentada para ED baseado em wavelet. Além disso, o desempenho de detecção do wavelet ReverseBior é o melhor entre outros wavelets utilizados para a denoising de uma dada probabilidade de falso alarme. Por exemplo, a uma dada probabilidade de falso alarme 0,01 e SNR de -10dB a probabilidade de detecção por ReverseBior é de 0,2731 quando comparada com a CED que tem a probabilidade de detecção de 0,1335, podemos ver que o desempenho de detecção é quase duplicado. Por outras palavras, para uma dada probabilidade de falso alarme a 0,11 e SNR de -10dB, o desempenho de detecção do CED é melhorado em 104,56%. Por outro lado, o desempenho de detecção do ReverseBior supera o desempenho do Daubechies em 1,14%.

A tabela 4-8 mostra a comparação ROC de diferentes wavelet com diferentes probabilidades de falso alarme. O resultado da tabela mostra que o melhor wavelet que dá alta probabilidade de detecção para uma dada probabilidade de falso alarme é o ReverseBior com maior ganho em cada fase. Note-se também que, para uma dada elevada probabilidade de falso alarme, quase todos os métodos de detecção podem alcançar uma probabilidade de detecção de 0,9, conforme necessário. Por exemplo, quando a probabilidade de falso alarme é de 0,91, incluindo CED, todos os métodos de detecção atingem uma probabilidade de detecção superior a 0,9.Uma comparação detalhada de ED baseado em wavelet ROC de fase única é dada no Apêndice.

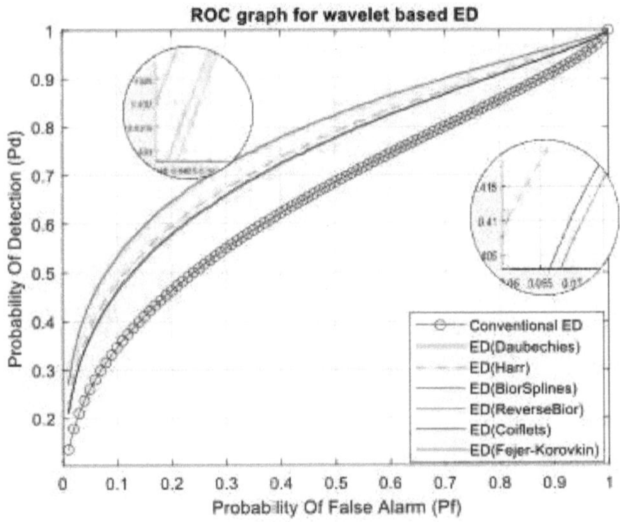

Figura 3-14 ROC de ED baseado em ondas de estágio único para SNR=-10dB,N=200

Quadro 3-8 Gráfico ROC de ED para SNR = -10dB,Pf=0.1,N=200

Pf	Detecção	P_D	Ganho(%)
0.01	ED convencional	0.1335	-
	Haar	0.2275	70.411985
	Daubechies	0.2700	102.247191
	BiorSplines	0.2108	57.90262172
	ReverseBior	0.2731	**104.5692884**
	Coiflets	0.2134	59.85018727
	Fejer-Korovkin	0.2697	102.0224719

A figura 4-16 mostra a curva CROC para ED com base em ondas de estágio único. É feita uma comparação entre diferentes wavelets a -10dB. Um detector com melhor desempenho deve ter a menor probabilidade de faltar o utilizador primário a uma dada probabilidade de falso alarme e SNR. Isto significa que o AUC deve ser o mínimo para um determinado detector. A partir do resultado da simulação, o detector baseado em wavelet ReverseBior dá a probabilidade mínima de faltar a detecção. Por exemplo, a uma dada probabilidade de falso alarme, 0,11 e SNR de -10dB, o detector ReverseBior tem a probabilidade de detecção de falha 0,3595 enquanto a probabilidade de detecção de falha para CED é de 0,5905, o que mostra uma redução de 39,11% na probabilidade de falso alarme.

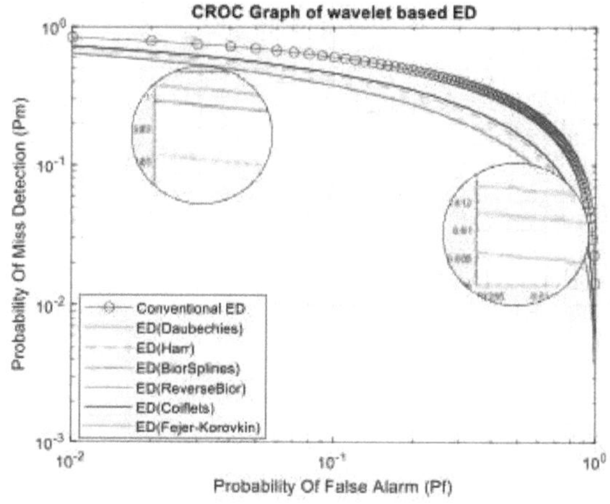

Figura 3-15 CROC de ED de um único estágio baseado em wavelet para SNR = -10dB,N=200

O quadro 4-9 mostra CROC de ED baseado em wavelet. a relação entre a probabilidade de detecção de falhas e a probabilidade de falso alarme é retratada com o incremento de 0,1. A comparação é feita com referência ao DEC e a melhoria resultante de cada desnudamento wavelet é apresentada no quadro. O ED com base em ReverseBior mostra a menor probabilidade de faltar o PU, o que é estritamente necessário a fim de evitar a colisão entre o PU.

Quadro 3-9 CROC de ED baseado em wavelet de fase única para SNR=-10dB,Pf=0,01

Pf	Detecção	Pm	Ganho(%)
0.01	ED convencional	0.8356	-
	Haar	0.7047	15.66539014
	Daubechies	0.6469	22.58257539
	BiorSplines	0.728	12.87697463
	ReverseBior	0.6442	22.90569651
	Coiflets	0.7239	13.36764002

Fejer-Korovkin	0.6474	22.52273815

Geralmente, da análise e resultados anteriores, entre diferentes famílias de wavelet comparadas para a detecção do espectro, o wavelet ReverseBior é o melhor candidato para ED baseado em wavelet em termos de métricas de desempenho tais como SNR versus Probabilidade de Detecção, ROC e CROC.

3.5 Sensoriamento cooperativo com ED baseado em ondas de estágio único

Nesta secção, são apresentados os resultados da simulação para ED cooperativa de fase única ReverseBior baseada em ED. Das secções anteriores, vimos que uma forma de melhorar a probabilidade de detecção é através da cooperação dos utilizadores participantes na OR-Fusão. A figura 4-17 é gerada para 4 utilizadores cooperativos, no caso de cooperação em fase única ReverseBior e CED cooperativo. A probabilidade de detecção para os dois algoritmos é comparada para a gama SNR entre -20dB a 5dB com probabilidade de falso alarme 0.1 e tamanho de amostra de 200. O resultado do gráfico demonstra que, num determinado SNR, probabilidade de falso alarme e número de utilizadores cooperativos, o ED cooperativo de fase única ReverseBior supera o CED cooperativo. Por exemplo, a uma dada probabilidade de falso alarme 0,1, SNR de -15Db e tendo 2 utilizadores cooperativos, o DEC cooperativo tem uma probabilidade de detecção de 0,4869 enquanto que o baseado em ReverseBior tem uma probabilidade de detecção de 0,643 que é aumentada em 32,05%.

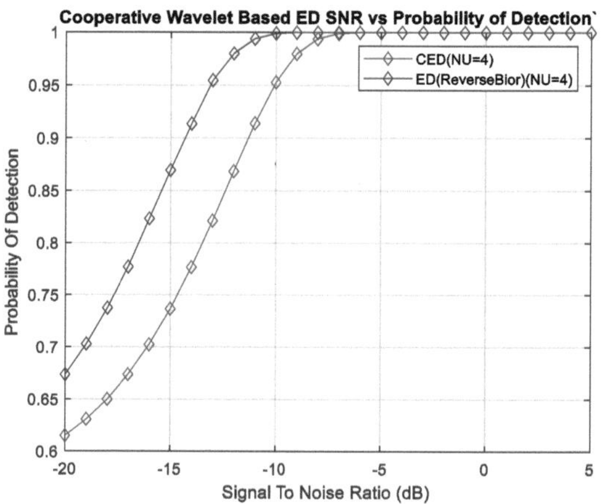

Figura 3-16 Comparação entre ED cooperativo de fase única ReverseBior e CED cooperativo para Pf=0,1,N=200,NU=4

O quadro 4-10 mostra a comparação de DEC cooperativo com ED cooperativo de fase única ReverseBior com diferentes números de utilizadores cooperativos a uma dada probabilidade de falso alarme 0.1, SNR de -12dB e 200 amostras de tamanho. O resultado mostra que para ED cooperativo de fase única com base em ReverseBior tem melhor desempenho de detecção quando comparado com CED cooperativo. Por exemplo, a uma dada probabilidade de falso alarme 0,1, SNR de -10dB, tamanho da amostra de 200 e 3 utilizadores cooperativos, a probabilidade de detectar o utilizador licenciado por CD cooperativo é aumentada em 11,22% empregando CD cooperativo de fase única ReverseBior.

Quadro 3-10 Probabilidade de comparação de detecção para cooperativa Single Stage ReverseBior e cooperativa CED para SNR=-10dB,Pf=0.1,N=200,NU=1,2,3,4

Número de utilizadores (NU)	1	2	3	4
P_d(Cooperative CED)	0.2124	0.3796	0.5114	0.6152
P_d(Cooperative single stage ReverseBior ED)	0.2449	0.4289	0.5688	0.6736
Gain by(Cooperative single stage ReverseBior ED	+15.30%	+12.98%	+11.22%	+9.49%

A figura 4-18 mostra a comparação gráfica do CROC entre ED e CED baseados em CD de fase única cooperativa ReverseBior. O gráfico é gerado para o cenário de 4 utilizadores cooperativos. Pode-se notar que a probabilidade de faltar o utilizador primário é largamente diminuída pela implementação da detecção cooperativa de fase única com base em ReverseBior quando comparada com o DEC cooperativo. Geralmente, podemos dizer que, aumentando o número de utilizadores cooperantes, aumenta a probabilidade de detectar o PU e, ao mesmo tempo, diminui a probabilidade de faltar o utilizador licenciado. Por exemplo, a uma dada probabilidade de falso alarme 0,1, SNR de -10dB e considerando 4 utilizadores cooperativos, resulta numa probabilidade mínima de detecção incorrecta que é de 0,0192 quando se emprega um ED cooperativo de fase única com base em ReverseBior. Por outro lado, o desempenho da CD cooperativa neste ponto é de 0,1339. Este resultado mostra que; a probabilidade de faltar o utilizador licenciado é reduzida em 37,76% quando se utiliza ED cooperativo de fase única ReverseBior em vez de ED cooperativo de DEC.

O quadro 4-11 mostra que a probabilidade de detecção de erros de ED de fase única com base em ReverseBior pode ser ainda mais reduzida através da cooperação de um número de utilizadores com OR-Fusion. Para uma dada probabilidade de falso alarme 0,1 e SNR de -10dB, a probabilidade de faltar o PU é ainda mais reduzida em 85,66% através da cooperação de 4 SU com ED de fase única ReverseBior cooperativo.

Quadro 3-11 Comparação da probabilidade de detecção de falhas com diferentes números de utilizadores a -20dB e Pf=0,1

Número de utilizadores	1(Nó único)	2	3	4
Pm(CED)	0.6049	0.3659	0.2214	0.1339
Pm(ED com base em ReverseBior)	**0.3689**	0.1388	0.0514	0.0192
Ganho por ED baseado em ReverseBior	-39.01%	-62.06%	-76.78%	-85.66%

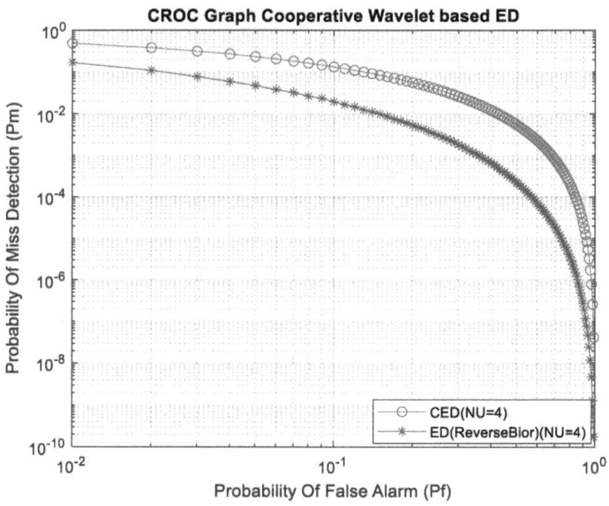

Figura 3-17 Comparação CROC de ED cooperativo de fase única ReverseBior e CED cooperativo para SNR = -10dB,N=200,NU=4

3.5.1 Algoritmo de Detecção do Espectro de Duas Etapas ReverseBior baseado em ED

A figura 4-19 mostra a comparação entre ED convencional, ED com base em ReverseBior e a combinação dos dois algoritmos em duas fases. O mau desempenho de detecção de ED convencional com baixo SNR é resolvido por ED com base em ondas ReverseBior de fase única. A detecção do espectro em duas fases é composta por ED grosseiro com baixa complexidade computacional que é CED, e por ED fino com método complexo computacional elevado. O resultado da simulação mostra que o método de detecção de duas fases proposto tem melhor desempenho na região de baixa SNR. Por exemplo, a probabilidade de detectar o PU utilizando o método proposto de duas fases é de 0,91 a -11,5dB SNR, enquanto que este valor é alcançado por uma única fase ReverseBior a -9dB, por outro lado, utilizando CED este valor é arquivado a -6dB.

O quadro 4-12 mostra a comparação entre a abordagem de detecção de espectro em duas fases proposta, ED e CED com base em ED inversaBior de uma única fase. O resultado da comparação mostra que a probabilidade de detecção de DE é melhorada em 40,21% através da utilização de DE de fase única com base em REVERseBior, e 97% através da utilização da abordagem de detecção em duas fases proposta. Por outro lado, o desempenho de DE de fase única com base em RE reverseBior é ainda melhorado em 42% com o emprego do método de detecção proposto.

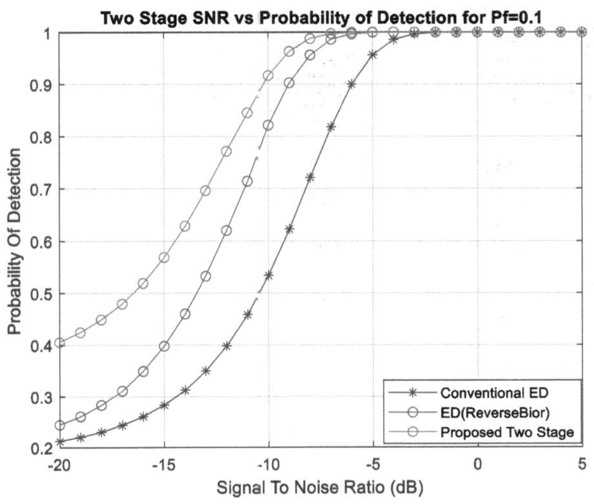

Figura 3-18 Comparação das duas fases propostas, ReverseBior e CED para Pf=0,1,N=200

Quadro 3-12 Comparação de Duas Etapas, E.D. ReverseBior de uma única etapa e E.D. na SNR = -15dB,Pf=0.1,N=200

Métrica de desempenho	$P_D(CED)$	$P_D(Single\ Stage\ ReverseBior)$	$P_D(Two\ Stage)$
	0.2837	0.3978	0.5686
Gain By Single Stage ReverseBior over CED(%)	40.21%		
Gain By Two Stage over CED(%)	97%		
Gain By Single Two Stage over Single Sttage ReverseBior(%)	42%		

A figura 4-20 mostra a comparação entre a curva ROC entre a abordagem de detecção de duas fases do espectro, ED e CED com base em ED e CED de uma única fase reversa. O gráfico mostra o comportamento de 3 algoritmos num dado SNR de -15dB com várias probabilidades de falso alarme. O resultado mostra que a AUC é aumentada através do emprego da abordagem de detecção de espectro em duas fases. Por exemplo, a uma dada probabilidade de falso alarme 0,1, a probabilidade de detectar o PU é de 0,6925 utilizando a abordagem de Duas Etapas enquanto que é de 0,5291 e 0,3469 utilizando ReverseBior e CED respectivamente.

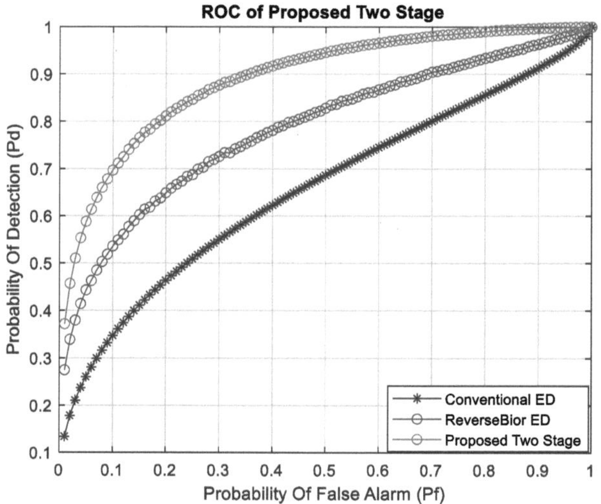

Figura 3-19 Comparação ROC da abordagem de Duas Etapas, Single Stage ReverseBior ED,CED para SNR = -15dB,N=200

O quadro 4-13 mostra a comparação para ROC para os três métodos de detecção de espectro dados a uma dada probabilidade de falso alarme 0,1. O resultado da comparação mostra que a abordagem proposta supera em 97,8% o CED e esta abordagem também melhora em 30,8% a probabilidade de detecção de ED de fase única com base em ED inversaBior.

Quadro 3-13 Comparação de ROC para duas fases, ED ReverseBior de uma única fase e CED em SNR= -15dB,Pf=0.1,N=200

Métrica de Desempenho	$P_D(CED)$	$P_D(Single\ Stage\ ReverseBior\ ED)$	$P_D(Two\ Stage)$
	0.3469	0.5291	0.6925
$Gain\ By\ Single\ Stage\ ReverseBior\ over\ CED(\%)$	52.52%		
$Gain\ By\ Two\ Stage\ over\ CED(\%)$	97.8%		
$Gain\ By\ Two\ Stage\ over\ Single\ Stage\ ReverseBior(\%)$	30.8%		

A figura 4-21 mostra o gráfico CROC da abordagem proposta de Duas Etapas, com base em uma única Etapa ReverseBior e CED num dado SNR de -15dB. O resultado da comparação mostra que, a probabilidade de faltar o PU é reduzida através da utilização da abordagem de detecção de duas Etapas. Por exemplo, a uma dada probabilidade de falso alarme 0,1, a probabilidade de faltar o PU após empregar a abordagem de Duas Etapas é reduzida para 0,2261, enquanto a probabilidade de faltar o utilizador licenciado é de 0,3737 e 0,6049 para Single stage ReverseBior e CED respectivamente.

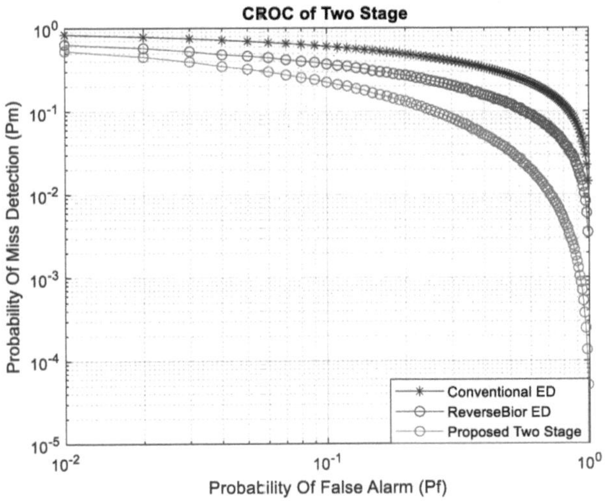

Figura 3-20 Comparação CROC de Two Stage, Single Stage ReverseBior ED,CED para SNR=-15db,N=200

Quadro 3-14 CROC Comparação de Duas Etapas, ED InversaBior de uma Etapa,CED para SNR=-15dB,Pf=0.1,N=200

Métrica de Desempenho	$P_M(CED)$	$P_M(Single\ Stage\ ReverseBior\ ED)$	$P_M(Two\ Stage)$
	0.6049	0.3737	0.2261
Loss By Single Stage ReverseBior over CED(%)	-38.22%		
Loss By Two Stage over CED(%)	-62.61%		
Loss By Two Stage over Single Stage ReverseBior(%)	-39.49%		

A tabela 4-14 mostra a comparação da falta do PU com os três algoritmos acima mencionados. Com base na comparação, a probabilidade de faltar o PU licenciado utilizado é reduzida em 62,61% em relação ao PU, através da utilização da abordagem em duas fases. Por outro lado, a probabilidade de faltar o PU é menor em 39,49% quando comparado com o ED baseado em Single Stage ReverseBior.

3.5.2 Comparação da abordagem cooperativa em duas fases, detecção baseada em ReverseBior e CED sobre SNR variável

A figura 4-22 mostra o resultado da simulação para a abordagem cooperativa em duas fases, em comparação com o método cooperativo de ED de fase única com base em ED reversaBior e método cooperativo de DEC. Estes três algoritmos são comparados para a gama SNR entre -20dB e 5dB com probabilidade de falso alarme 0.1 e tamanho de amostra de 200 com 4 utilizadores cooperantes. O resultado do gráfico demonstra que num dado SNR, probabilidade de falso alarme e número de utilizadores cooperativos, o método de detecção cooperativo de duas fases proposto pela cooperativa supera o método CED cooperativo e o método ED com base em ReverseBior. Por exemplo, uma dada probabilidade de falso alarme 0,1, SNR de -20dB e 2 utilizadores cooperativos CED tem a probabilidade de detecção de 0,3796, ao utilizar Cooperative Single Stage ReverseBior, 0,429 é alcançado e ao empregar as duas fases propostas o desempenho em melhoria para 0,6457.

Quadro 3-15 Comparação da abordagem cooperativa de duas fases, ED reverseBior cooperativa de uma única fase e CED cooperativa para SNR = -20dB,Pf=0,1,N=100,NU=1,2,3,4

Número de Utilizador(NU)	1	2	3	4
P_D (Cooperative CED)	0.2124	0.3796	0.5114	0.6152
P_D (Cooperative Single Stage RevereBior)	0.2441	0.429	0.5686	0.6744
P_D (Cooperative Two Stage)	**0.4046**	**0.6457**	**0.7892**	**0.8747**
Gain of coopeative Two Stage over cooperative CED	**90.48%**	**70.1%**	**54.32%**	**42.18%**
Gain of cooperative Two Stage over Single Stage Cooperative ReverseB	**65.75%**	**50.51%**	**38.79%**	**29.7%**

A tabela 4-15 mostra a comparação de três algoritmos de probabilidade de detecção usando o esquema OR-Cooperative com uma dada probabilidade de falso alarme 0.1 e SNR de -20dB. O resultado mostra que, para um dado número de utilizadores cooperantes, o método proposto tem um desempenho superior aos dois algoritmos anteriores. Por exemplo, após empregar as duas fases propostas utilizando três utilizadores cooperativos, a probabilidade de detecção é melhorada em 54,32% quando comparada com a DEC cooperativa. Do mesmo modo, a probabilidade de detecção é melhorada em 38,79% quando comparada com o ED cooperativo com base em ReverseBior.

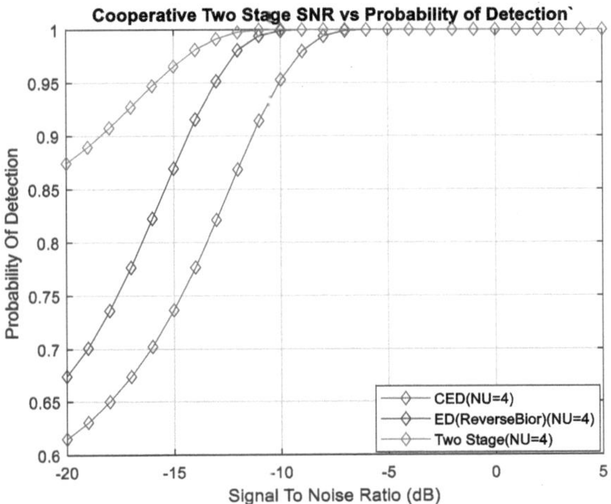

Figura 3-21 Comparação da abordagem cooperativa em duas fases, ED e CED com base reversaBior para Pf=0,1,N=200,NU=4

A Figura 4-23 mostra a comparação entre a curva ROC entre a abordagem Two Stage Spectrum, ED com base em ReverseBior e CED em cenário cooperativo. O gráfico mostra o comportamento desses algoritmos de forma cooperativa num dado SNR de -15dB com diferentes probabilidades de falso alarme. O resultado mostra que o AUC é largamente aumentado através da utilização da abordagem cooperativa de detecção de espectro em duas fases. Por exemplo, a uma dada probabilidade de falso alarme 0,1 e três utilizadores cooperantes, a probabilidade de detectar o PU é de 0,9885 utilizando a abordagem cooperativa de Duas Etapas enquanto que é de 0,9479 e 0,7784 utilizando a cooperação ReverseBior e a cooperação CED respectivamente.

A tabela 4-16 mostra a comparação ROC de três algoritmos de probabilidade de detecção usando o esquema OR-Cooperative com diferentes probabilidades de falsos valores de alarme e dado SNR de -15dB. O resultado mostra que para um determinado número de utilizadores cooperantes o método proposto em duas fases supera os dois algoritmos anteriores em cenário cooperativo, dando a maior probabilidade de detecção para uma dada probabilidade de falso alarme. Por exemplo, com uma dada probabilidade de falso alarme,0,1, SNR de -15dB e 3 utilizadores cooperativos. O desempenho do DEC é melhorado em 26,9% através da utilização do método cooperativo de detecção em duas fases, por outro lado, o desempenho do ED cooperativo com base em ReverseBior é também melhorado em 4,28%.

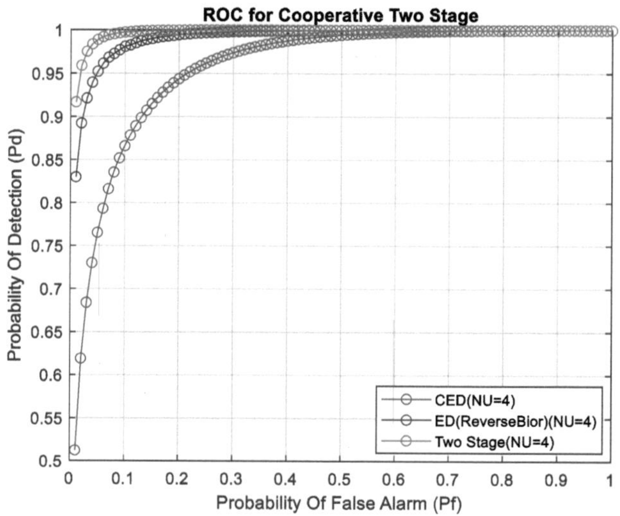

Figura 3-22 Comparação ROC para a abordagem cooperativa de Duas Etapas, ReverseBior de uma etapa, CED para SNR=-15dB,N=200,NU=4

Quadro 3-16 Comparação ROC para a abordagem cooperativa de Duas Etapas, ReverseBior de uma etapa e CED para SNR=-15dB,Pf=0.1,N=200

Número de utilizadores (NU)	1	2	3	4
$P_D(Cooperative\ CED)$	0.3951	0.6341	0.7786	0.8661
$P_D(Cooperative\ Single\ Stage\ RevereBior$	0.6279	0.861	0.9479	0.9804
$P_D(Cooperative\ Two\ Stage)$	0.7758	0.9491	0.9885	0.9974
$Gain\ of\ coopeative\ Two\ Stage\ cooperative\ CED$	+96.35%	+49.67%	+26.9%	+15.15%
$Gain\ of\ cooperative\ Two\ Stag$ $Single\ Stage\ Cooperative\ Rev$	+23.55%	+10.23%	+4.28%	+1.73%

A figura 4-24 mostra o gráfico CROC da abordagem em duas fases, Single Stage ReverseBior based ED e CED em cenário cooperativo num dado SNR de -15dB com probabilidade variável de falso alarme. O resultado da comparação mostra que a probabilidade de faltar o PU é ainda mais reduzida através da utilização da abordagem cooperativa de detecção de espectro em Duas Etapas. Por exemplo, a uma dada probabilidade de falso alarme 0,1, SNR de -15dB e 3 utilizadores cooperativos, a probabilidade de faltar o PU foi de 0,2214 utilizando ED cooperativo, enquanto que este resultado é reduzido aplicando ED cooperativo com base em ReverseBior a 0,0505, também este resultado é ainda mais reduzido empregando a abordagem cooperativa de Duas Etapas a 0,0112.

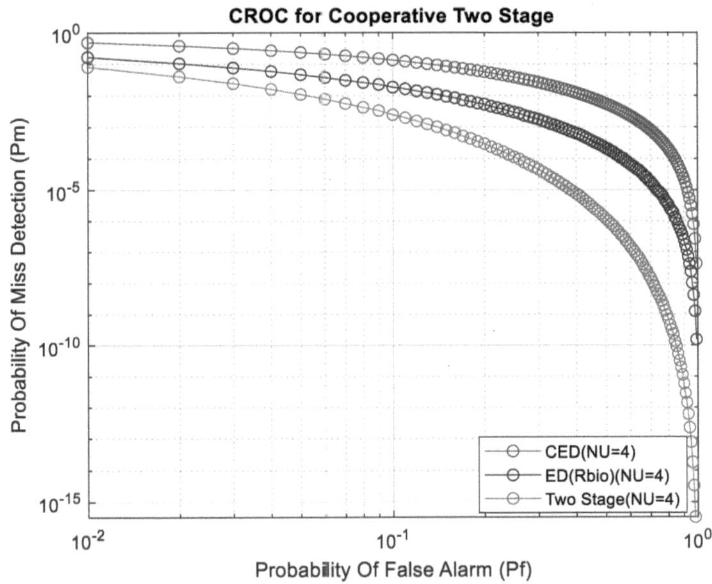

Figura 3-23 Comparação CROC de Cooperative Two Stage Approach, Single Stage ReverseBior, CED para SNR=-15dB, N=200,NU=4

A tabela 4-17 mostra a comparação CROC de três algoritmos utilizando o esquema OR-Cooperative com uma dada probabilidade de falso alarme e SNR para 4 utilizadores cooperantes. O resultado mostra que para um dado número de utilizadores cooperantes o método proposto em duas fases dá a menor probabilidade de detecção de falhas e supera os dois algoritmos anteriores em cenário cooperativo, fornecendo uma pequena probabilidade de faltar o utilizador licenciado. Por exemplo, com uma dada probabilidade de falso alarme ,0.1, SNR de -15dB e 3 utilizadores cooperativos. A probabilidade de faltar o PU por CED é reduzida em 94.91%, empregando a abordagem proposta em duas fases. Por outro lado, a probabilidade de faltar o PU por ED cooperativo com base na ReverseBior é também minimizada em 77,82%.

Número de utilizadores (NU)	1	2	3	4
P_M(Cooperative CED)	0.4049	0.3659	0.2214	0.1339
P_M(Cooperative Single Stage RevereBior	0.3689	0.135	0.0505	0.0187
P_M(Cooperative Two Stage)	0.2242	0.0494	0.0112	0.0025
Loss of coopeative Two Stage over cooperative CED	-77.58%	-86.49%	-94.91%	-98.10%
Loss of cooperative Two Stage over Single Stage Cooperative ReverseBior	-44.62%	-63.40%	-77.82%	-86.63%

CAPÍTULO CINCO

4 CONCLUSÃO, RECOMENDAÇÃO

4.1 Conclusão

Nesta tese, foi feita a investigação de um dos algoritmos de detecção do espectro chamado Detecção de Energia. A detecção eficaz do Utilizador Primário é uma tarefa crucial para o rádio cognitivo, por duas razões. A primeira é, a CR deve utilizar o espaço branco disponível, detectando a ausência de utilizador licenciado. O segundo ponto é que a CR deve ter uma detecção precisa a fim de evitar a interferência no Utilizador Primário. O principal problema do algoritmo de Detecção de Energia é o seu baixo desempenho de detecção durante a região de baixo SNR. A fim de resolver este problema, foi utilizado o denoising prévio para obter ganho SNR para a detecção cooperativa de espectro em fase única. Com base nos resultados da simulação, podem ser tiradas as seguintes conclusões:

- O desempenho do detector de energia cai na região de baixo SNR. A fim de reduzir a probabilidade de interferência dos utilizadores primários, o aumento do número de amostras, o aumento da probabilidade de falso alarme, o aumento do SNR e a detecção cooperativa são soluções.

- Um sinal primário do utilizador é previamente denotado através da utilização de diferentes ondas-mãe e o resultado da comparação mostra que a onda ReverseBior dá o maior ganho SNR. Este wavelet também dá a maior probabilidade de detecção e a menor detecção de falhas, uma vez que a probabilidade de detecção está directamente relacionada com SNR, em nó único e detecção cooperativa.

- O Algoritmo de Detecção de Espectro de Duas Etapas proposto melhorou o desempenho do Detector de Energia Convencional e do Algoritmo de Denoising Baseado em Ondas de Uma Etapa em detecção de nó único e esquema cooperativo em termos das matrizes de desempenho consideradas nesta tese.

- O esquema OR-Fusion Cooperating proporciona um elevado desempenho.

75

4.2 Recomendação

Nesta tese, o desempenho do Detector de Energia Convencional é melhorado através da aplicação de uma denoising wavelet antes da ED. As seguintes questões são o âmbito futuro desta tese:

- A técnica proposta é avaliada apenas segundo o modelo de canal AWGN. A técnica proposta pode ser avaliada sob os diferentes modelos de canais como os canais Rayleigh, Nakagami e Rician fading.
- **Filtros como o FIR com diferentes comprimentos de janela** também podem ser utilizados para a denoising.

Referências

[1]   A. M. Joykutty e B. Baranidharan, "Cognitive Radio Networks": Recentes Avanços nas Técnicas de Sensoriamento de Espectro e Segurança", *Proc. - Int. Conf. Smart Electron". Comun. ICOSEC 2020*, no. Icosec, pp. 878-884, 2020, doi: 10.1109/ICOSEC49089.2020.9215360.

[2]   A. Rai, A. Sehgal, T. L. Singal, e R. Agrawal, "Spectrum Sensing and Allocation Schemes for Cognitive Radio," *Mach. Aprenda. Cogn. Comput. Mob. Comun. Fio. Networks*, pp. 91-129, 2020, doi: 10.1002/9781119640554.ch5.

[3]   J. Mitola e G. Q. Maguire, "Cognitive radio: making software radios more personal," *IEEE Pers. Commun.*, vol. 6, no. 4, pp. 13-18, 1999, doi: 10.1109/98.788210.

[4]   I. F. Akyildiz, B. F. Lo, e R. Balakrishnan, "Detecção cooperativa do espectro nas redes de rádio cognitivas": A survey", *Phys. Commun.*, vol. 4, no. 1, pp. 40-62, 2011, doi: 10.1016/j.phycom.2010.12.003.

[5]   A. Nasser, H. A. H. Hassan, J. A. Chaaya, A. Mansour, e K. C. Yao, "Spectrum sensing for cognitive radio": Recent advances and future challenge", *Sensors*, vol. 21, no. 7, pp. 1-29, 2021, doi: 10.3390/s21072408.

[6]   A. U. Khan, G. Abbas, Z. H. Abbas, T. Baker, e M. Waqas, "Spectrum efficiency in CRNs using hybrid dynamic channel reservation and enhanced dynamic spectrum access", *Ad Hoc Networks*, vol. 107, p. 102246, 2020, doi: 10.1016/j.adhoc.2020.102246.

[7]   I. F. Akyildiz, W. Y. Lee, M. C. Vuran, e S. Mohanty, "NeXt generation/dynamic spectrum access/cognitive radio wireless networks": Um inquérito", *Comput. Networks*, vol. 50, no. 13, pp. 2127-2159, 2006, doi: 10.1016/j.comnet.2006.05.001.

[8]   Y. Arjoune e N. Kaabouch, "Um inquérito abrangente sobre a detecção do espectro nas redes de rádio cognitivas: Recent advances, new challenges, and future research directions", *Sensors (Switzerland)*, vol. 19, no. 1, 2019, doi: 10.3390/s19010126.

[9]   S. Pandit e G. Singh, "An overview of spectrum sharing techniques in cognitive radio communication system", *Wirel. Networks*, vol. 23, no. 2, pp. 497-518, 2017, doi: 10.1007/s11276-015-1171-1.

[10]   O. Bhatia, "Dynamic Spectrum Access Techniques in Cognitive Radio Networks : A Survey Dynamic Spectrum Access Techniques in Cognitive Radio Networks : Uma sondagem", nº. Junho, pp. 0-7, 2014.

[11]   Z. Honggang e G. Y. Li, *redes de rádio Cognitive*, vol. 10, no. 8. 2013.

[12]   J. Walko, "Cognitive radio," *IEE Rev.*, vol. 51, no. 5, pp. 34-37, 2005, doi: 10.1049/ir:20050504.

[13]   J. M. Iii, "Cognitive Radio An Integrated Agent Architecture for Software Defined Radio Dissertation," 2000.

[14]   "IEEE Std 1900.1-2019 (Revisão da IEEE Std 1900.1-2008) : IEEE Standard for Definitions and Concepts for Dynamic Spectrum Access (Norma IEEE para Definições e Conceitos de Acesso ao Espectro Dinâmico): Terminologia relativa a redes sem fios emergentes, funcionalidade de sistemas e gestão do espectro", 2019.

[15]   D. Tarek e M. Ibrahim, "Development of Spectrum Sharing Protocol for Cognitive Radio Internet of Things To cite this version : HAL Id : tel-03164966 Development of Spectrum Sharing Protocol for Cognitive Radio Internet of Things By", 2021.

[16]   R. N. Yadav e R. Misra, "An analysis of different TCP variants in cognitive radio networks", *Proc. - 2014 Int. Conf. Cyber-Enabled Distrib. Informática. Knowl. Discov. CyberC 2014*, não. Outubro de 2014, pp. 414-419, 2014, doi: 10.1109/CyberC.2014.78.

[17]   Y. C. Liang, A. T. Hoang, e H. H. Chen, "Cognitive radio on TV bands": Uma nova abordagem para fornecer conectividade sem fios para as zonas rurais", *IEEE Wirel. Commun.*, vol. 15, no. 3, pp. 16-22, 2008, doi: 10.1109/MWC.2008.4547518.

[18]   R. Umar e A. U. H. Sheikh, "A comparative study of spectrum awareness techniques for cognitive radio oriented wireless networks", *Phys. Commun.*, vol. 9, pp. 148-170, 2013, doi: 10.1016/j.phycom.2012.07.005.

[19]   J. D. Gadze, A. Michael, e N. Damilola, "A Performance Study of Energy Detection Based Spectrum Sensing for Cognitive Radio Networks," vol. 4, no. 4, pp. 21-29, 2014.

[20]   F. Salahdine, H. El Ghazi, N. Kaabouch, e W. F. Fihri, "Matched filter detection with dynamic threshold for cognitive radio networks," *Int. Conf. Wirel. Redes Mob. Comun. WINCOM 2015*, no. Novembro, 2016, doi: 10.1109/WINCOM.2015.7381345.

[21]   T. Mor e T. Mehta, "Simulation of Probability of False Alarm and Probability of Detection Using Cyclo Stationary Detection Technique in Coginitive Radio," vol. 7109, no. Agosto de 2018, pp. 62-66, 2015.

[22]   J. H. Baek, H. J. Oh, e S. H. Hwang, "Melhoria da fiabilidade da detecção do espectro usando detector de energia no sistema de rádio cognitivo", *Int. Conf. Adv. Commun. Technol. ICACT*, vol. 1, no. Dezembro, pp. 575-578, 2008, doi: 10.1109/ICACT.2008.4493828.

[23]   M. S. V, "Cyclostationary Feature Detection for Spectrum Sensing in Cognitive Radio Network", *2019 Int. Conf. Intell. Comput. Control Syst.*, não. Iciccs, pp. 1250-1254, 2019.

[24]   A. Al-dulaimi, N. Radhi, e I. S. Member, "Cyclostationary Detection of Undefined Secondary Users", pp. 230-233, 2009, doi: 10.1109/NGMAST.2009.101.

[25]   F. M. Salem, M. H. Ibrahim, I. A. Ali, e I. I. Ibrahim, "Matched-Filter-based Spectrum Sensing for Secure Cognitive Radio Network Communications", vol. 87, no. 18, pp. 41-46, 2014.

[26]   R. Umar e A. U. H. Sheikh, "Cognitive Radio Oriented Wireless Networks : Desafios e Soluções", não. Junho 2014, 2012, doi: 10.1109/ICMCS.2012.6320105.

[27]   S. M. Mishra, A. Sahai, e R. W. Brodersen, "Cooperative Sensing among Cognitive Radios," no. Outubro, 2015, doi: 10.1109/ICC.2006.254957.

[28]   A. Fawzi, W. El-Shafai, M. Abd-Elnaby, A. Zekry, e F. E. Abd El-Samie, "Adaptive two-stage spectrum sensing model using energy detection and wavelet denoising for cognitive radio systems," *Int. J. Commun. Syst.*, vol. 33, no. 16, pp. 1-25, 2020, doi: 10.1002/dac.4400.

[29]   A. Nasrallah, A. Hamza, T. Boukaba, G. Baudoin, e A. Messani, "Detecção de Energia com Limiar Adaptativo para Rádio Cognitivo", *Proc. - Int. Conf. Commun. Electr. Eng. ICCEE 2018*, no. 1, pp. 1-5, 2019, doi: 10.1109/CCEE.2018.8634499.

[30]   M. A. Ezzat, A. H. Hussein, e M. A. Attia, "Energy Detection Performance Enhancement Using RLS and Wavelet De-noising Filters," *Wirel. Pers. Commun.*, vol. 96, no. 2, pp. 1781-1801, 2017, doi: 10.1007/s11277-017-4268-2.

[31]   G. Eappen e T. Shankar, *A Survey on Soft Computing Techniques for Spectrum Sensing in a Cognitive Radio Network*, vol. 1, no. 6. Springer Singapore, 2020.

[32] "DOIS ESTADOS ESPECIAIS DE SENSORIZAÇÃO DE RADIOS COGNITIVOS Philips Research Europe , Eindhoven , The Netherlands Faculty of Electrical Engineering , Delft University of Technology , The Netherlands," *Simulação*, pp. 2946-2949, 2010.

[33] H. Al-Hmood e H. S. Al-Raweshidy, "Energy detection performance enhancement for cognitive radio using noise processing approach", *Globo. Inf. Infra-estruturas. Symp. GIIS 2013*, 2013, doi: 10.1109/GIIS.2013.6684368.

[34] A. A. Univeristy, "SNR Enhancement of Energy Detector Algorithm using Adaptive Wiener Filter in Cognitive Radio," 2016.

[35] K. Srisomboon, A. Prayote, e W. Lee, "Two-stage spectrum sensing for cognitive radio under noise uncertainty," *2015 8ª int. Conf. Mob. Comput. Ubiquitous Networking, ICMU 2015*, pp. 19-24, 2015, doi: 10.1109/ICMU.2015.7061022.

[36] P. Verma e B. Singh, "Simulation study of double threshold energy detection method for cognitive radios," *2nd Int. Conf. Processo de Sinal. Integr. Networks, SPIN 2015*, pp. 232-236, 2015, doi: 10.1109/SPIN.2015.7095276.

[37] G. S. Rathore e S. Bharatula, "Efficient multi stage spectrum sensing technique for cognitive radio network under ruisy condition", *Int. J. Appl. Eng. Res.*, vol. 12, no. 9, pp. 1831-1835, 2017.

[38] *MÉTODOS DE ANÁLISE MULTIVARIADA. .*

[39 قلخانی. و. ت   منوچهر ,حیرانی علي, *No Title*

-ورزشی 1390.

[40] F. F. Digham, M. S. Alouini, e M. K. Simon, "On the energy detection of unknown signals over fading channels", *IEEE Trans. Commun.*, vol. 55, no. 1, pp. 21-24, 2007, doi: 10.1109/TCOMM.2006.887483.

[41] S. Kyperountas, N. Correal, Q. Shi, e Z. Ye, "Análise de desempenho da detecção cooperativa de espectro em canais de desvanecimento Suzuki", *Proc. 2ª Int. Conf. Cogn. Radio Oriented Wirel. Redes Comuns. CrownCom*, não. 3, pp. 428-432, 2007, doi: 10.1109/CROWNCOM.2007.4549836.

[42] A. H. Hussien, H. M. Kasem e M. A. Ezzat, "Efficient spectrum sensing technique based on energy detector, compressive sensing, and de-noising techniques," *Int. J. Eng. Technol.*, vol. 6, no. 1, pp. 1-8, 2017, doi: 10.14419/ijet.v6i1.6672.

[43] B. Ergen, "Comparação dos Tipos de Ondas e Métodos de Limiar de Ondas em Sons de Denoising do Coração Baseados em Ondas", *J. Signal Inf. Process.*, vol. 04, no. 03, pp. 164-167, 2013, doi: 10.4236/jsip.2013.43b029.

Apêndice

Tabela 1: Relação SNR de entrada e saída de denoising

Entrada SNR(dB)	Família Wavelet	MSE	Saída SNR(dB)	Ganho SNR(dB)	%Enhancement
-20	Haar	0.01974	-17.4845	2.5155	12.5775
	Daubechies	0.01783	-17.0259	2.9741	14.8705
	BiorSplines	0.02184	-17.5451	2.4549	12.2745
	ReverseBior	**0.01591**	**-17.0254**	**2.9746**	**14.8737**
	Coiflets	0.02115	-17.5154	2.4846	12.4239
	Fejer-Korovkin	0.01880	-17.0263	2.9737	14.8685
-19	Haar	0.01901	-16.4536	2.5464	13.4021
	Daubechies	0.01681	-16.0412	2.9588	15.5726
	BiorSplines	0.02129	-16.5569	2.4431	12.8584
	ReverseBior	**0.01567**	**-16.0339**	**2.9661**	**15.6110**
	Coiflets	0.02019	-16.5333	2.4667	12.9826
	Fejer-Korovkin	0.01763	-16.0439	2.9561	15.5584
-18	Haar	0.01879	-15.4421	2.5579	14.2105

	Daubechies	0.01652	-15.0341	2.9659	16.4772
	BiorSplines	0.02104	-15.5636	2.4364	13.5355
	ReverseBior	**0.01501**	**-15.0243**	**2.9757**	**16.5316**
	Coiflets	0.02003	-15.5288	2.4712	13.7288
	Fejer-Korovkin	0.01719	-15.0357	2.9643	16.4683
-17	Haar	0.01803	-14.4556	2.5444	14.9670
	Daubechies	0.01640	-14.0295	2.9671	17.4535
	BiorSplines	0.02091	-14.5503	2.4497	14.41
	ReverseBior	**0.01492**	**-14.0193**	**2.9807**	**17.5335**
	Coiflets	0.01986	-14.5262	2.4738	14.5517
	Fejer-Korovkin	0.01656	-14.0303	2.9697	17.4688
-16	Haar	0.01782	-13.4403	2.5597	15.9981
	Daubechies	0.01589	-13.0187	2.9813	18.6331
	BiorSplines	0.02018	-13.5439	2.4561	15.3506
	ReverseBior	**0.01368**	**-13.0101**	**2.9899**	**18.6868**
	Coiflets	0.01902	-13.5129	2.4871	15.544375

	Fejer-Korovkin	0.01601	-13.0217	2.9783	18.614375
-15	Haar	0.01669	-12.4406	2.5594	17.06266667
	Daubechies	0.01502	-12.0307	2.9693	19.79533333
	BiorSplines	0.02001	-12.5436	2.4564	16.376
	ReverseBior	**0.01349**	**-12.0274**	**2.9726**	**19.81733333**
	Coiflets	0.01871	-12.5197	2.4803	16.53533333
	Fejer-Korovkin	0.01551	-12.0320	2.968	19.78666667

Tabela 2: SNR versus Probabilidade de Detecção para ED baseado em Wavelet com diferentes Wavelets mãe

SNR (dB)	Detecção	P_D	Ganho(%)	SNR (dB)	Detecção	P_D	Ganho(%)
-20	ED convencional	0.2124	-	-14	ED convencional	0.3126	-
	Haar	0.2330	9.69868		Haar	0.4084	30.6461
	Daubechies	0.2430	14.4067		Daubechies	0.4559	45.8413
	BiorSplines	0.2278	7.25047		BiorSplines	0.3837	22.7447
	ReverseBior	0.2446	**15.1600**		**ReverseBior**	0.4606	**47.3448**
	Coiflets	0.2286	7.62711		Coiflets	0.3887	24.3442
	Fejer-Korovkin	0.2422	14.0301		Fejer-Korovkin	0.4549	45.5214
-19	ED convencional	0.2205	-	-13	ED convencional	0.3499	-
	Haar	0.2458	11.4739		Haar	0.4655	33.0380
	Daubechies	0.2595	17.6870		Daubechies	0.5262	50.3858
	BiorSplines	0.2393	8.52607		BiorSplines	0.4386	25.3501
	ReverseBior	0.2609	**18.3219**		**ReverseBior**	0.5315	**51.9005**
	Coiflets	0.2405	9.07029		Coiflets	0.4442	26.9505

	Fejer-Korovkin	0.2589	17.4149		Fejer-Korovkin	0.5256	50.2143
-18	ED convencional	0.2309	-	-12	ED convencional	0.3979	-
	Haar	0.2634	14.0753		Haar	0.5425	36.3407
	Daubechies	0.2816	21.9575		Daubechies	0.6093	53.1289
	BiorSplines	0.2563	11.0004		BiorSplines	0.5039	26.6398
	ReverseBior	0.2831	**22.6071**		**ReverseBior**	0.6151	**54.5865**
	Coiflets	0.2580	11.7366		Coiflets	0.5110	28.4242
	Fejer-Korovkin	0.2811	21.7410		Fejer-Korovkin	0.6080	52.8022
-17	ED convencional	0.2442	-	-11	ED convencional	0.4587	-
	Haar	0.2862	17.1990		Haar	0.6296	37.2574
	Daubechies	0.3107	27.2317		Daubechies	0.7096	54.6980
	BiorSplines	0.2769	13.3906		BiorSplines	0.5905	28.7333
	ReverseBior	0.3120	**27.7641**		ReverseBior	0.7184	**56.6165**
	Coiflets	0.2789	14.2096		Coiflets	0.5980	30.3684
	Fejer-Korovkin	0.3112	27.4365		Fejer-Korovkin	0.7075	54.2402

-16	ED convencional	0.2614	-	-10	ED convencional	0.5340	-
	Haar	0.3180	21.5526		Haar	0.7353	37.6966
	Daubechies	0.3464	32.5172		Daubechies	0.8103	51.7415
	BiorSplines	0.3021	15.5700		BiorSplines	0.6871	28.6704
	ReverseBior	0.3495	**33.7031**		**ReverseBior**	0.8149	**52.6029**
	Coiflets	0.3055	16.3706		Coiflets	0.6987	30.8426
	Fejer-Korovkin	0.3446	31.3286		Fejer-Korovkin	0.8072	51.1610
-15	ED convencional	0.2837	-	-9	ED convencional	0.6230	-
	Haar	0.3531	24.4624		Haar	0.8295	33.1460
	Daubechies	0.3911	37.8568		Daubechies	0.8965	43.9004
	BiorSplines	0.3373	18.8931		BiorSplines	0.7927	27.2391
	ReverseBior	**0.3957**	**39.4783**		**ReverseBior**	0.9009	**44.6067**
	Coiflets	0.3406	20.0563		Coiflets	0.7996	28.3467
	Fejer-Korovkin	0.3894	37.2576		Fejer-Korovkin	0.8955	43.7399

Quadro 3: Comparação ROC de ED baseado em Wavelet usando Diferentes Mother Wavelet

P_f	Detecção	P_d	Ganho(%)	P_f	Detecção	P_d	Ganho(%)
0.01	ED convencional	0.1335	-	0.51	ED convencional	0.6921	-
	Haar	0.2275	70.4119		Haar	0.7936	14.6655
	Daubechies	0.2700	102.247		Daubechies	0.8289	19.7659
	BiorSplines	0.2108	57.9026		BiorSplines	0.7806	12.7871
	ReverseBior	0.2731	**104.5692**		**ReverseBior**	0.8302	**19.9537**
	Coiflets	0.2134	59.8501		Coiflets	0.7835	13.2061
	Fejer-Korovkin	0.2697	102.0224		Fejer-Korovkin	0.8278	19.6069
0.11	ED convencional	0.3609	-	0.61	ED convencional	0.7505	-
	Haar	0.4945	37.0185		Haar	0.8402	11.9520
	Daubechies	0.5490	52.1197		Daubechies	0.8701	15.9360
	BiorSplines	0.4757	31.8093		BiorSplines	0.8294	10.5129
	ReverseBior	0.5515	52.8124		**ReverseBior**	0.8714	**16.1092**
	Coiflets	0.4801	33.0285		Coiflets	0.8317	10.8194
	Fejer-Korovkin	0.5477	51.7594		Fejer-Korovkin	0.8697	15.8827
0.21	ED convencional	0.4729	-	0.71	ED convencional	0.8062	-

	Haar	0.6048	27.8917		Haar	0.8789	9.01761
	Daubechies	0.6556	38.6339		Daubechies	0.9043	12.1681
	BiorSplines	0.5875	24.2334		BiorSplines	0.8714	8.0873
	ReverseBior	0.6586	**39.2683**		**ReverseBior**	0.9053	**12.2922**
	Coiflets	0.5913	25.0370		Coiflets	0.8736	8.36020
	Fejer-Korovkin	0.6556	38.6339		Fejer-Korovkin	0.9041	12.1433
0.31	ED convencional	0.5576	-	0.81	ED convencional	0.8614	-
	Haar	0.6830	22.4892		Haar	0.9196	6.7564
	Daubechies	0.7298	30.8823		Daubechies	0.9359	8.6487
	BiorSplines	0.6660	19.4404		BiorSplines	0.9118	5.8509
	ReverseBior	0.7314	**31.1692**		**ReverseBior**	0.9367	**8.7415**
	Coiflets	0.6697	20.1040		Coiflets	0.9134	6.0366
	Fejer-Korovkin	0.7289	30.7209		Fejer-Korovkin	0.9356	8.6138
0.41	ED convencional	0.6288	-	0.91	ED convencional	0.9198	-
	Haar	0.7453	18.5273		Haar	0.9567	4.0117
	Daubechies	0.7851	24.8568		Daubechies	0.9665	5.0771
	BiorSplines	0.7287	15.8874		BiorSplines	0.9522	3.5225
	ReverseBior	0.7867	**25.1113**		**ReverseBior**	0.9668	**5.1098**
	Coiflets	0.7324	16.4758		Coiflets	0.9532	3.6312
	Fejer-Korovkin	0.7852	24.8727		Fejer-Korovkin	0.9662	5.0445

88

Tabela 3 Comparação CROC de ED baseado em Wavelet usando Diferentes Mother Wavelet

P_f	Detecção	P_m	Ganho(%)	P_f	Detecção	P_m	Ganho(%)
0.01	ED convencional	0.8356	-	0.51	ED convencional	0.2668	-
	Haar	0.7047	15.6653		Haar	0.152	43.0284
	Daubechies	0.6469	22.5825		Daubechies	0.1199	55.0599
	BiorSplines	0.728	12.8769		BiorSplines	0.1672	37.3313
	ReverseBior	**0.6442**	**22.9056**		**ReverseBior**	**0.1183**	**55.6596**
	Coiflets	0.7239	13.3676		Coiflets	0.1641	38.4932
	Fejer-Korovkin	0.6474	22.5227		Fejer-Korovkin	0.1201	54.9850
0.11	ED convencional	0.5905	-	0.61	ED convencional	0.2132	-
	Haar	0.4289	27.3666		Haar	0.1172	45.0281
	Daubechies	0.3628	38.5605		Daubechies	0.0908	57.4108
	BiorSplines	0.4498	23.8272		BiorSplines	0.1295	39.2589
	ReverseBior	**0.359**	**39.2040**		**ReverseBior**	**0.0895**	**58.0206**
	Coiflets	0.4447	24.6909		Coiflets	0.1271	40.3846
	Fejer-Korovkin	0.3643	38.3065		Fejer-Korovkin	0.0909	57.3639
0.21	ED convencional	0.4773	-	0.71	ED convencional	0.1631	-
	Haar	0.3231	32.3067		Haar	0.0873	46.4745
	Daubechies	0.2642	44.6469		Daubechies	0.0648	60.2697
	BiorSplines	0.3416	28.4307		BiorSplines	0.0953	41.5695

	ReverseBior	0.2631	44.8774		ReverseBior	0.0642	60.6376
	Coiflets	0.338	29.1849		Coiflets	0.0938	42.4892
	Fejer-Korovkin	0.2643	44.6260		Fejer-Korovkin	0.0653	59.9632
0.31	ED convencional	0.3943	-	0.81	ED convencional	0.1146	-
	Haar	0.2533	35.7595		Haar	0.0552	51.8324
	Daubechies	0.2023	48.6938		Daubechies	0.0415	63.7870
	BiorSplines	0.2696	31.6256		BiorSplines	0.0626	45.3752
	ReverseBior	0.2014	48.9221		ReverseBior	0.0407	64.4851
	Coiflets	0.2654	32.6908		Coiflets	0.0612	46.5968
	Fejer-Korovkin	0.203	48.5163		Fejer-Korovkin	0.0417	63.6125
0.41	ED convencional	0.3261	-	0.91	ED convencional	0.0646	-
	Haar	0.1976	39.4050		Haar	0.0299	53.7151
	Daubechies	0.1576	51.6712		Daubechies	0.0214	66.8730
	BiorSplines	0.2133	34.5906		BiorSplines	0.0339	47.5232
	ReverseBior	0.1551	52.4379		ReverseBior	0.021	67.4922
	Coiflets	0.21	35.6025		Coiflets	0.0331	48.7616
	Fejer-Korovkin	0.1584	51.4259		Fejer-Korovkin	0.0216	66.5634

I want morebooks!

Buy your books fast and straightforward online - at one of world's fastest growing online book stores! Environmentally sound due to Print-on-Demand technologies.

Buy your books online at
www.morebooks.shop

Compre os seus livros mais rápido e diretamente na internet, em uma das livrarias on-line com o maior crescimento no mundo! Produção que protege o meio ambiente através das tecnologias de impressão sob demanda.

Compre os seus livros on-line em
www.morebooks.shop

Printed by Books on Demand GmbH, Norderstedt / Germany